달달 풀고 곰곰 생각하는

달곰한 계산력

초등 1-2

참쌤스쿨

디지털 교육 컨텐츠를 전문적으로 제작하고 공유하여
교실과 학교, 교육의 변화를 꿈꾸는
현직 교사로 이루어진 전국 단위 전문적 학습 공동체입니다.

지 은 이 NE능률 수학교육연구소
참쌤스쿨 강윤민
개발책임 차은실
개 발 한아름, 김다은, 김건희
디 자 인 오영숙, 한새미, 황유진
일러스트 이상화
영 업 한기영, 이경구, 박인규, 정철교, 김남준, 이우현
마 케 팅 박혜선, 남경진, 이지원, 김여진
펴 낸 이 주민홍
펴 낸 곳 서울시 마포구 월드컵북로 396(상암동) 누리꿈스퀘어 비즈니스타워 10층
㈜NE능률 (우편번호 03925)
펴 낸 날 2023년 11월 1일 초판 제1쇄
2024년 1월 5일 초판 제2쇄
전 화 02 2014 7114
팩 스 02 3142 0357
홈페이지 www.neungyule.com
등록번호 제1-68호

고객센터
교재 내용 문의: contact.nebooks.co.kr (별도의 가입 절차 없이 작성 가능)
제품 구매, 교환, 불량, 반품 문의: 02 2014 7114
☎ 전화 문의는 본사 업무 시간 중에만 가능합니다.

수학 공부를 하다 보면 이해가 안 돼서 어렵고, 또 재미도 없고…….

그래서 수학 공부를 하기 싫은 적이 있지 않나요?

수학이 어려운 가장 큰 이유는 지금 배우고 있는 수학 개념들이 대부분 글로 된 딱딱한 설명과 식으로 되어 있기 때문이죠.

그래서 설명을 읽어도 모르겠고, 식을 봐도 이해가 되지 않는 것이랍니다.

하지만! 어려운 수학 개념을 너무나 쉽게 이해할 수 있는 방법!

바로 비주얼 싱킹을 활용해서 수학 개념을 이해하고 문제를 풀어 보는 것이지요.

여러분들이 이해하기 쉽게 수학 개념을 풀어놓은 달곰한 계산력으로 수학 공부를 재미있게 해 보세요!

달곰한 계산력 **한눈에** 보기

1

학교 선생님이 아이들의 눈높이에 맞추어
설명한 연산 개념을 담았어요.

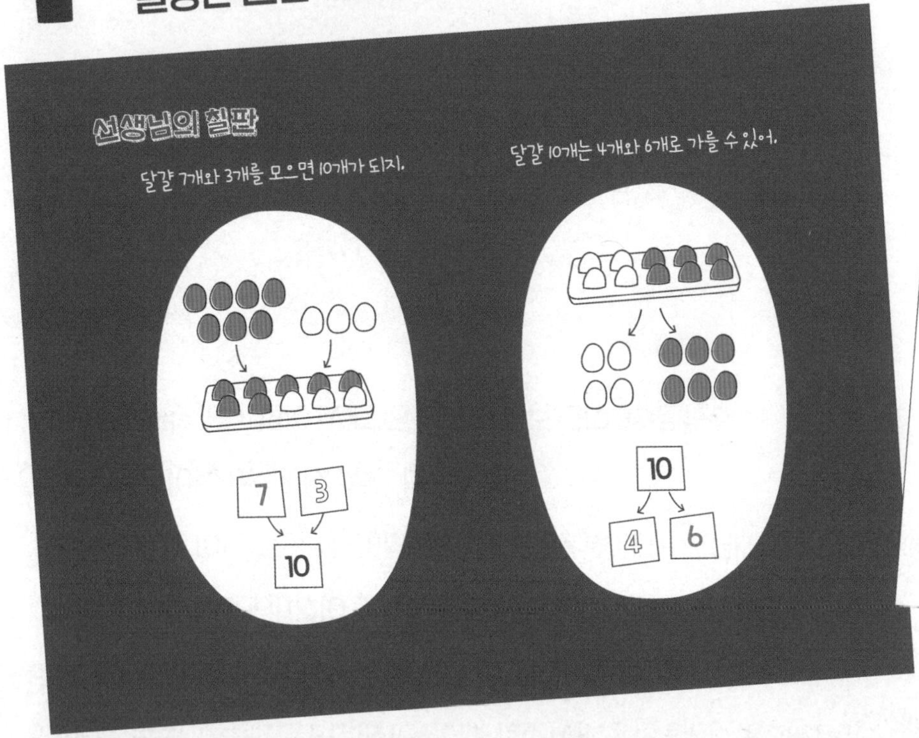

2

개념을 다시 한번 짚어주는 지문을 읽고
충분히 연습해요.

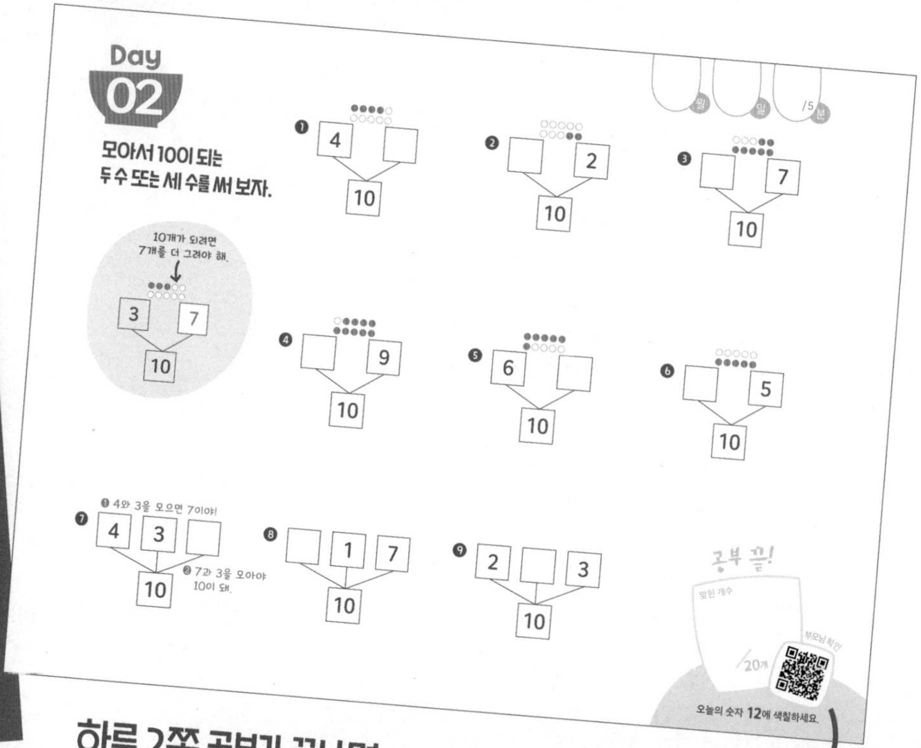

하루 2쪽 공부가 끝나면

QR로 빠르게 채점하고, 로직을 완성해요.

3

단계별 학습이 끝나면
재미있는 놀이 연산으로 연산 실력을 UP!

연산 놀이터

더해서 10이 되는 숫자끼리 연결해 볼까?

부모님 확인

1~7단계, 8~10단계, 1~10단계 범위에 따라
연산 실력을 점검해 봐요.

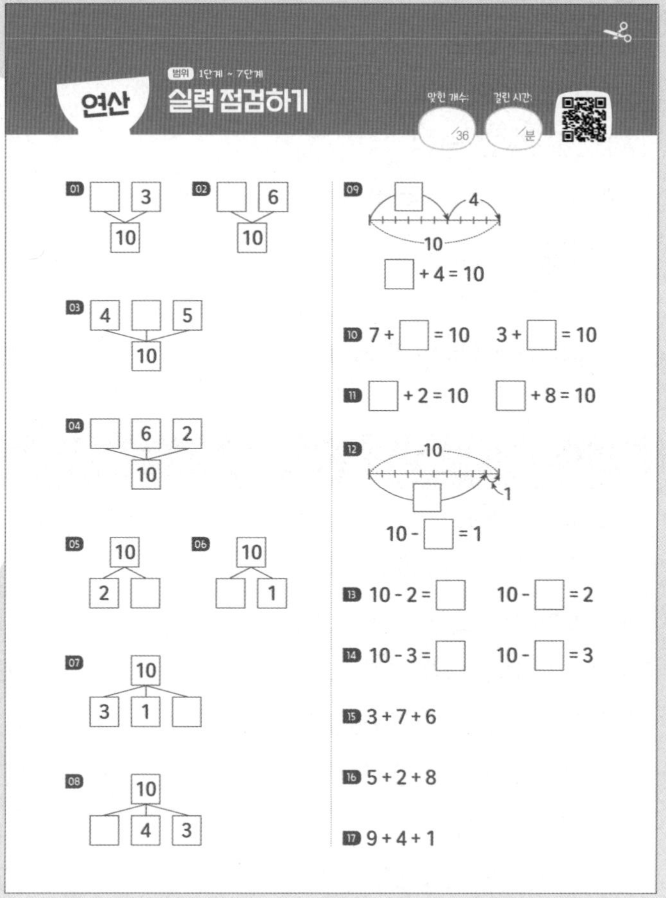

범위 1단계 ~ 7단계

연산 실력 점검하기

맞힌 개수: /36 걸린 시간: 분

01 □ 3 → 10

02 □ 6 → 10

03 4 □ 5 → 10

04 □ 6 2 → 10

05 10 → 2 □

06 10 → □ 1

07 10 → 3 1 □

08 10 → □ 4 3

09 □ + 4 = 10

10 7 + □ = 10 3 + □ = 10

11 □ + 2 = 10 □ + 8 = 10

12 10 - □ = 1

13 10 - 2 = □ 10 - □ = 2

14 10 - 3 = □ 10 - □ = 3

15 3 + 7 + 6

16 5 + 2 + 8

17 9 + 4 + 1

권별 학습 내용

1-1	2-1	3-1
수를 모으고 가르기	받아올림이 한 번 있는 (두 자리 수)+(두 자리 수)	(몇십)×(몇)
합이 9까지인 덧셈	받아올림이 두 번 있는 (두 자리 수)+(두 자리 수)	올림이 없는 (두 자리 수)×(한 자리 수)
한 자리 수의 뺄셈	받아내림이 있는 (두 자리 수)-(두 자리 수)	십의 자리에서 올림이 있는 (두 자리 수)×(한 자리 수)
덧셈과 뺄셈의 관계	덧셈식, 뺄셈식에서 □의 값 구하기	일의 자리에서 올림이 있는 (두 자리 수)×(한 자리 수)
세 수의 덧셈과 뺄셈	같은 수를 여러 번 더하기	올림이 두 번 있는 (두 자리 수)×(한 자리 수)
(몇십)+(몇), (몇)+(몇십)	2단, 5단 곱셈구구	올림이 없는 (세 자리 수)×(한 자리 수)
(몇십몇)+(몇), (몇십몇)-(몇)	3단, 6단 곱셈구구	올림이 한 번 있는 (세 자리 수)×(한 자리 수)
(몇십)+(몇십), (몇십)-(몇십)	4단, 8단 곱셈구구	올림이 여러 번 있는 (세 자리 수)×(한 자리 수)
(몇십몇)+(몇십몇), (몇십몇)-(몇십몇)	7단, 9단 곱셈구구	나눗셈의 기초
		나눗셈의 몫 구하기

1-2	2-2	3-2
10을 모으고 가르기	곱셈구구 종합	(몇십)×(몇십), (몇십몇)×(몇십)
10이 되는 더하기, 10에서 빼기	받아올림이 없는 (세 자리 수)+(세 자리 수)	올림이 한 번 있는 (몇십몇)×(몇십몇)
두 수의 합이 10인 세 수의 덧셈	받아올림이 한 번 있는 (세 자리 수)+(세 자리 수)	올림이 여러 번 있는 (몇십몇)×(몇십몇)
받아올림이 있는 (몇)+(몇)	받아올림이 두 번 있는 (세 자리 수)+(세 자리 수)	(몇십)÷(몇), (몇백몇십)÷(몇)
두 수의 차가 10인 세 수의 뺄셈	받아올림이 세 번 있는 (세 자리 수)+(세 자리 수)	내림이 없고 나머지가 없는 (두 자리 수)÷(한 자리 수)
받아내림이 있는 (십몇)-(몇)	받아내림이 없는 (세 자리 수)-(세 자리 수)	내림이 있고 나머지가 없는 (두 자리 수)÷(한 자리 수)
덧셈과 뺄셈의 관계	받아내림이 한 번 있는 (세 자리 수)-(세 자리 수)	내림이 없고 나머지가 있는 (두 자리 수)÷(한 자리 수)
받아올림이 있는 (몇십몇)+(몇)	받아내림이 두 번 있는 (세 자리 수)-(세 자리 수)	내림이 있고 나머지가 있는 (두 자리 수)÷(한 자리 수)
받아내림이 있는 (몇십몇)-(몇)		백의 자리부터 몫을 구하는 (세 자리 수)÷(한 자리 수)
세 수의 덧셈과 뺄셈		백의 자리 수가 나누는 수보다 작은 (세 자리 수)÷(한 자리 수)

4 - 1	5 - 1	6 - 1
(몇백)×(몇십), (몇십)×(몇백)	덧셈과 뺄셈, 곱셈과 나눗셈이 섞여 있는 식	(자연수)÷(자연수), (진분수)÷(자연수)
(세 자리 수)×(몇십)	괄호가 없는 자연수의 혼합 계산	곱셈으로 계산하는 (진분수)÷(자연수)
(세 자리 수)×(두 자리 수)	괄호가 있는 자연수의 혼합 계산	(가분수)÷(자연수), (대분수)÷(자연수)
(몇백몇십)÷(몇십)	약수와 공약수, 배수와 공배수	(진분수)÷(진분수)
(두 자리 수)÷(몇십)	공약수와 최대공약수	(자연수)÷(진분수)
(세 자리 수)÷(몇십)	공배수와 최소공배수	(가분수)÷(진분수), (대분수)÷(진분수)
(두 자리 수)÷(두 자리 수)	약분과 통분	각 자리에서 나누어떨어지지 않는 (소수)÷(자연수)
몫이 한 자리 수인 (세 자리 수)÷(두 자리 수)	분모가 다른 진분수의 덧셈	0을 내리거나 몫에 0이 포함된 (소수)÷(자연수)
몫이 두 자리 수인 (세 자리 수)÷(두 자리 수)	분모가 다른 대분수의 덧셈	몫이 소수인 (자연수)÷(자연수)
	분모가 다른 진분수의 뺄셈	비와 비율
	분모가 다른 대분수의 뺄셈	백분율

4 - 2	5 - 2	6 - 2
대분수를 가분수로, 가분수를 대분수로 나타내기	어림하기	자릿수가 같은 (소수)÷(소수)
진분수의 덧셈	(분수)×(자연수)	자릿수가 다른 (소수)÷(소수)
대분수의 덧셈	(자연수)×(분수)	(자연수)÷(소수)
진분수의 뺄셈	(진분수)×(진분수)	몫을 반올림하여 나타내기
받아내림이 없는 대분수의 뺄셈	(대분수)×(대분수)	나누어 주고 남는 양
(자연수)-(분수)	세 분수의 곱셈	자연수, 분수, 소수의 혼합 계산
받아내림이 있는 대분수의 뺄셈	소수와 자연수의 곱셈	간단한 자연수의 비로 나타내기
자릿수가 같은 소수의 덧셈	(소수)×(소수)	비례식
자릿수가 다른 소수의 덧셈	분수와 소수의 혼합 계산	비례배분
자릿수가 같은 소수의 뺄셈		
자릿수가 다른 소수의 뺄셈		

46일 완성, 연산 지도법

단계	공부 내용	이렇게 지도해요	공부 날	쪽수
1 단계	10을 모으고 가르기	10으로 모으기는 받아올림이 있는 덧셈의 기초가 되고, 10을 가르기는 받아내림이 있는 뺄셈의 기초가 됩니다. 모으기와 가르기로 10의 보수 개념을 익힐 수 있도록 지도해 주세요.	DAY 1	10쪽
			DAY 2	12쪽
			DAY 3	14쪽
2 단계	10이 되는 더하기, 10에서 빼기	10의 덧셈과 뺄셈은 10을 모으고 가르기를 식으로 나타낸 것입니다. 다양한 형태의 덧셈, 뺄셈 문제로 10의 보수 개념을 완벽히 익혀 받아올림, 받아내림의 기초를 다질 수 있도록 지도해 주세요.	DAY 4	20쪽
			DAY 5	22쪽
			DAY 6	24쪽
			DAY 7	26쪽
			DAY 8	28쪽
3 단계	두 수의 합이 10인 세 수의 덧셈	세 수 중 10이 되는 두 수를 먼저 찾아 더하는 학습입니다. 받아올림이 있는 (몇)+(몇)을 하기 위한 준비 단계이므로 앞에서 배운 10이 되는 더하기를 떠올리며, 충분히 연습할 수 있도록 해주세요.	DAY 9	34쪽
			DAY 10	36쪽
			DAY 11	38쪽
			DAY 12	40쪽
4 단계	받아올림이 있는 (몇)+(몇)	받아올림 개념에서 가장 중요한 것은 10이 되는 두 수입니다. 더하는 두 수 중 한 수를 가르기하여 10을 만드는 두 가지 방법을 충분히 익힐 수 있도록 연습합니다.	DAY 13	46쪽
			DAY 14	48쪽
			DAY 15	50쪽
			DAY 16	52쪽
			DAY 17	54쪽
5 단계	두 수의 차가 10인 세 수의 뺄셈	세 수 중 10이 되는 두 수를 찾아 먼저 빼는 학습입니다. 받아내림이 있는 (십몇)−(몇)을 하기 위한 준비 단계이므로 앞에서 배운 10에서 빼기를 떠올리며, 충분히 연습할 수 있도록 해주세요.	DAY 18	60쪽
			DAY 19	62쪽
			DAY 20	64쪽
			DAY 21	66쪽

단계	공부 내용	이렇게 지도해요	공부 날	쪽수
6 단계	받아내림이 있는 (십몇)−(몇)	받아내림이 있는 뺄셈을 처음 접하는 단계이나 받아내림을 사용하지 않고 수 가르기를 이용하여 받아내림의 원리를 익힙니다. 두 수 중 한 수를 가르기하여 식을 10−(몇)으로 만드는 두 가지 뺄셈 방법을 충분히 익힐 수 있도록 지도해 주세요.	DAY 22	72쪽
			DAY 23	74쪽
			DAY 24	76쪽
			DAY 25	78쪽
			DAY 26	80쪽
7 단계	덧셈과 뺄셈의 관계	덧셈과 뺄셈의 관계는 전체와 부분의 관계에서 볼 때 연결되어 있습니다. 세 수로 2개의 덧셈식과 뺄셈식을 만들어 보며 덧셈과 뺄셈이 서로 반대되는 셈임을 이해할 수 있도록 지도해 주세요.	DAY 27	86쪽
			DAY 28	88쪽
			DAY 29	90쪽
			DAY 30	92쪽
8 단계	받아올림이 있는 (몇십몇)+(몇)	일의 자리에서 받아올림이 있는 덧셈입니다. 일의 자리에서의 10이 십의 자리에서는 1을 나타낸다는 것을 이해할 수 있도록 해 주시고, 받아올림한 1을 십의 자리 숫자와 더하는 것을 잊지 않도록 지도해 주세요.	DAY 31	98쪽
			DAY 32	100쪽
			DAY 33	102쪽
			DAY 34	104쪽
			DAY 35	106쪽
			DAY 36	108쪽
9 단계	받아내림이 있는 (몇십몇)−(몇)	십의 자리에서 받아내림이 있는 뺄셈입니다. 십의 자리에서의 1이 일의 자리에서는 10을 나타낸다는 것을 이해할 수 있도록 해 주시고, 받아내림하면 십의 자리 숫자가 1 작아진다는 것을 잊지 않도록 지도해 주세요.	DAY 37	114쪽
			DAY 38	116쪽
			DAY 39	118쪽
			DAY 40	120쪽
			DAY 41	122쪽
			DAY 42	124쪽
10 단계	세 수의 덧셈과 뺄셈	받아올림과 받아내림을 세 수의 계산에 적용해 보는 단계입니다. 앞에서부터 차례대로 계산해 보며 계산 순서를 완벽하게 숙지할 수 있도록 지도해 주세요.	DAY 43	130쪽
			DAY 44	132쪽
			DAY 45	134쪽
			DAY 46	136쪽

01

10을 모으고 가르기

이번에는 무엇을 배울까?

(몇십몇) + (몇십몇),
(몇십몇) - (몇십몇)

10을 모으고 가르기

10이 되는 더하기,
10에서 빼기

이렇게 지도해요!

❶ 먼저 설명해 주세요.

그림과 말로 풀어낸 모으기, 가르기 내용을 아이와 함께 따라 읽어 보면서, 모아진 달걀과 갈라진 달걀의 수를 직접 세어 봅니다.

❷ 수를 이해하며 계산해요.

설명과 이어지는 그림을 이용하여 Day1에서 재미있게 문제를 풉니다.

❸ 충분히 연습해요.

Day2와 Day3의 문제 풀이를 통해 수를 이해하는 힘을 기르고, 덧셈과 뺄셈의 기초를 다집니다.

스스로 계획을 세워요!

	공부할 날짜	목표 시간	복습할 날짜
Day 01 /46	월 / 일	분 / 8개	월 / 일
Day 02 /46	월 / 일	분 / 20개	월 / 일
Day 03 /46	월 / 일	분 / 21개	월 / 일

선생님의 칠판

달걀 7개와 3개를 모으면 10개가 되지.

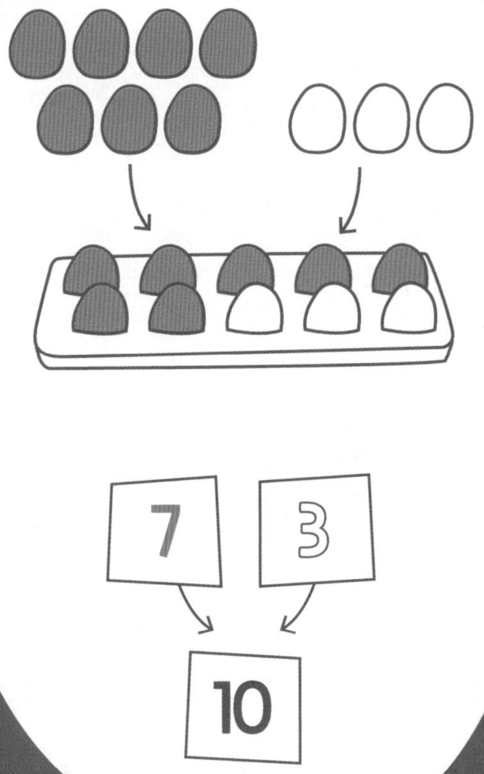

달걀 10개는 4개와 6개로 가를 수 있어.

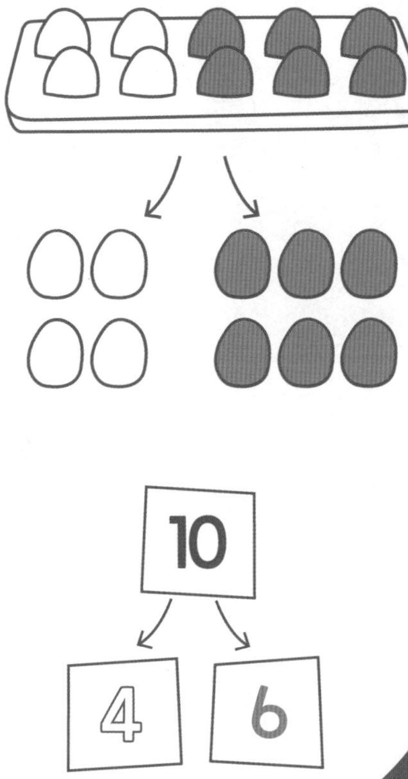

Day 01

모아진 달걀은 모두
몇 개인지 수로 써 보자.

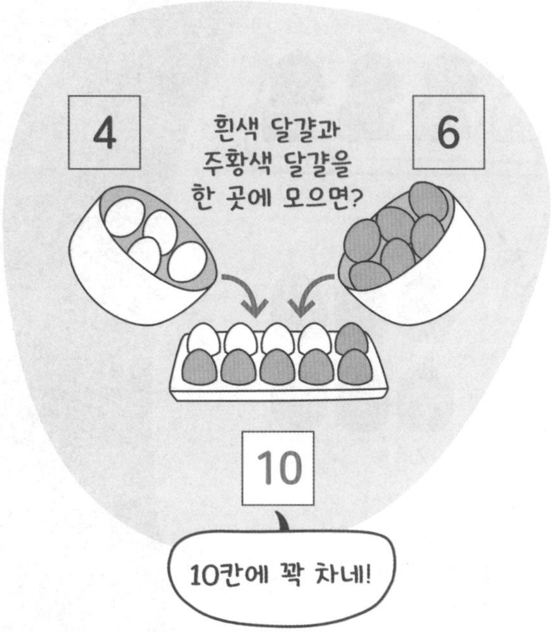

❶
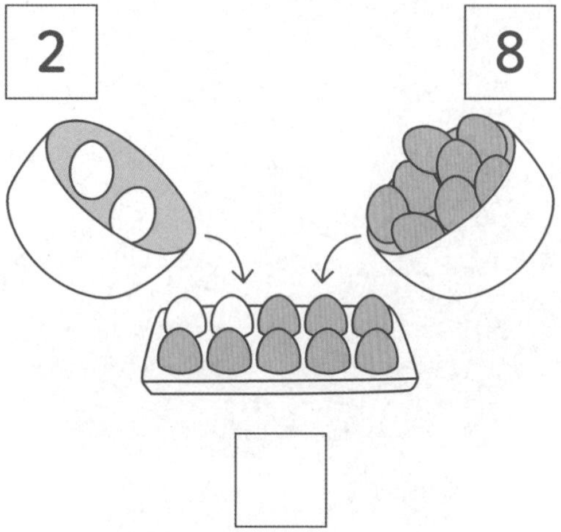

❷
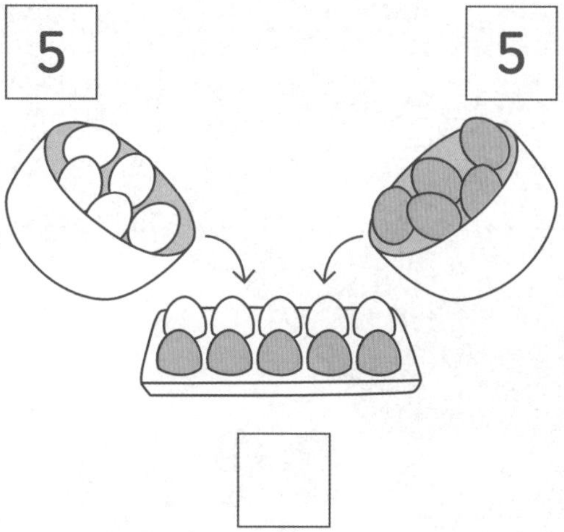

❸
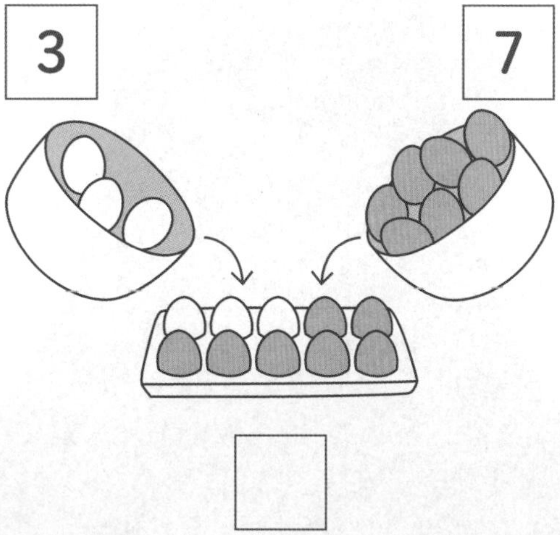

❹
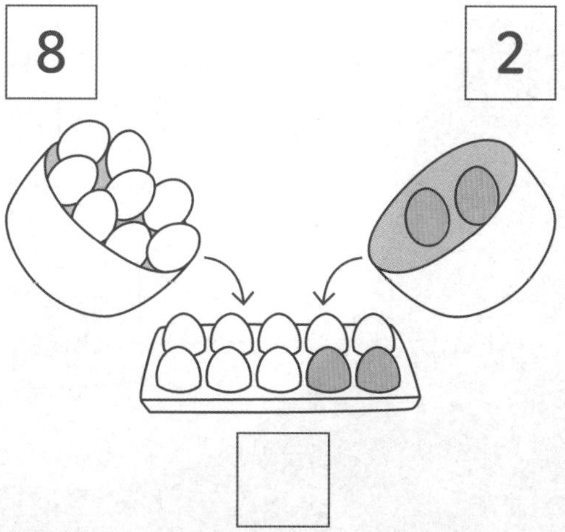

갈라진 달걀은 각각 몇 개인지 수로 써 보자.

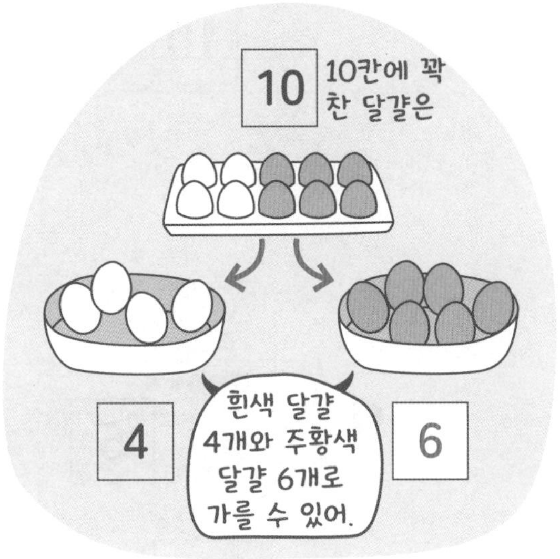

❺

10

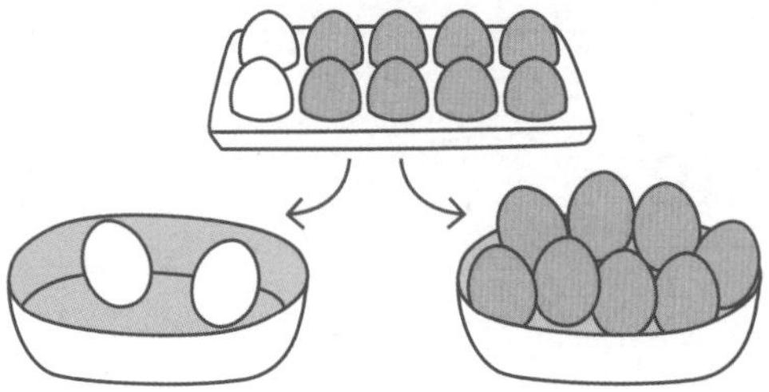

☐ 8

❻

10

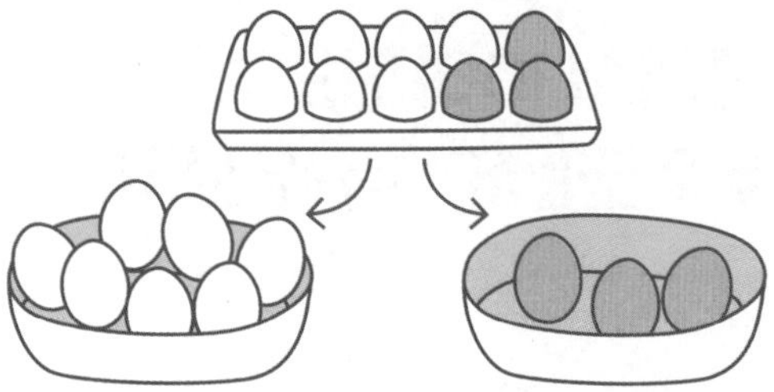

☐ 3

❼

10

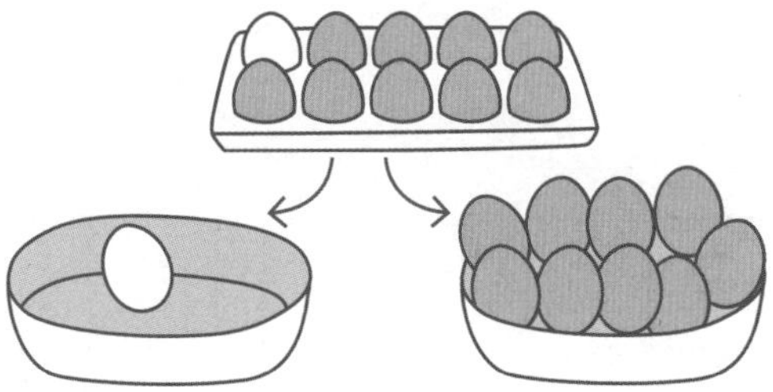

1 ☐

❽

10

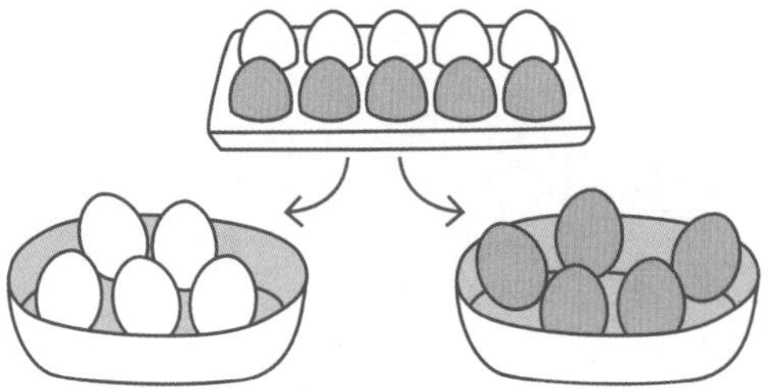

5 ☐

공부 끝!

맞힌 개수 /8개

부모님 확인

오늘의 숫자 **86**에 색칠하세요.

Day 02

모아서 10이 되는 두 수 또는 세 수를 써 보자.

10개가 되려면 7개를 더 그려야 해.

3 7 → 10

❶ 4 □ → 10

❷ □ 2 → 10

❸ □ 7 → 10

❹ □ 9 → 10

❺ 6 □ → 10

❻ □ 5 → 10

❼ 4 3 □ → 10

❶ 4와 3을 모으면 7이야!

❷ 7과 3을 모아야 10이 돼.

❽ □ 1 7 → 10

❾ 2 □ 3 → 10

❿ 1 5 □ → 10

10을 두 수 또는 세 수로 갈라 보자.

⑪ 10 (●●●●● ●●●●●) → 4, □

가른 수만큼 지우고, 남은 것을 세어 봐.

⑫ 10 (●●●●● ●●●●●) → □, 7

⑬ 10 (●●●●● ●●●●●) → □, 9

⑭ 10 (●●●●● ●●●●●) → 8, □

⑮ 10 (●●●●● ●●●●●) → □, 3

⑯ 10 (●●●●● ●●●●●) → □, 5

⑰ 10 (●●●●● ●●●●●) → 2, □

⑱ 10 (●●●●● ●●●●●) → 2, 3, □

❶ 2와 3을 모으면 5야! ❷ 10은 5와 5로 가를 수 있어.

⑲ 10 (●●●●● ●●●●●) → □, 5, 4

⑳ 10 (●●●●● ●●●●●) → 6, □, 1

공부 끝!

맞힌 개수 /20개

부모님 확인

오늘의 숫자 **12**에 색칠하세요.

Day 03

두 수 또는 세 수를 모아서 10을 만들어 보자.

❶ □ 4 → 10

❷ 5 □ → 10

❸ □ 7 → 10

❹ □ 8 → 10

❺ □ 3 → 10

❻ 6 □ → 10

❼ 9 □ → 10

❽ 4 1 □ → 10

❾ □ 6 2 → 10

❿ 5 1 □ → 10

⓫ □ 1 2 → 10

10을 두 수 또는 세 수로 갈라 보자.

⑫ 10 → □, 3

⑬ 10 → □, 5

⑭ 10 → 4, □

⑮ 10 → □, 2

⑯ 10 → □, 7

⑰ 10 → 6, □

⑱ 10 → □, 1

⑲ 10 → □, 4, 2

⑳ 10 → 4, □, 1

㉑ 10 → □, 2, 1

공부 끝!

맞힌 개수 /21개

부모님 확인

오늘의 숫자 **36**에 색칠하세요.

연산 놀이터

더해서 10이 되는 숫자끼리 연결해 볼까?

부모님 확인

02

10이 되는 더하기, 10에서 빼기

이번에는 무엇을 배울까?

10을 모으고 가르기	**10이 되는 더하기, 10에서 빼기**	두 수의 합이 10인 세 수의 덧셈

이렇게 지도해요!

❶ 먼저 설명해 주세요.

그림과 말로 풀어낸 10의 덧셈, 뺄셈 설명을 아이와 함께 따라 읽어 보면서, 10개 들이 달걀판으로 10의 보수 개념을 익힙니다.

❷ 수를 이해하며 계산해요.

설명과 이어지는 그림을 이용하여
Day4와 Day5에서 재미있게 문제를 풉니다.

❸ 충분히 연습해요.

Day6 ~ Day8의 문제 풀이를 통해 수를 이해하는 힘을 기르고, 받아올림과 받아내림의 기초를 다집니다.

스스로 계획을 세워요!

	공부할 날짜	목표 시간	복습할 날짜
Day 04 46	월 / 일	분 / 13개	월 / 일
Day 05 46	월 / 일	분 / 19개	월 / 일
Day 06 46	월 / 일	분 / 19개	월 / 일
Day 07 46	월 / 일	분 / 23개	월 / 일
Day 08 46	월 / 일	분 / 30개	월 / 일

선생님의 칠판

7에 3을 더하면 10이 돼.

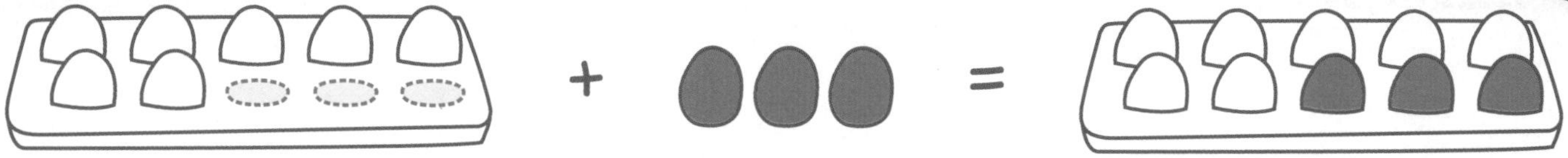

$7 + 3 = 10$

10에서 다시 3을 빼면 7이 되겠지?

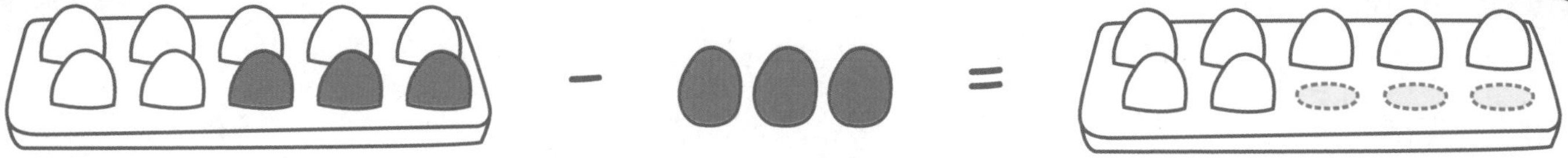

$10 - 3 = 7$

Day 04

달걀 몇 개가 더 있으면 10개짜리 한 판을 채울 수 있는지 덧셈식으로 써 봐.

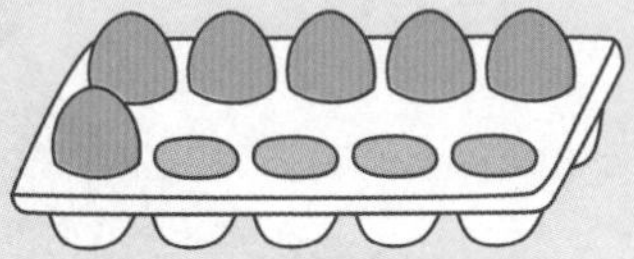

6 + [4] = 10

한 판을 채우려면
4개가 더 필요해.

❶

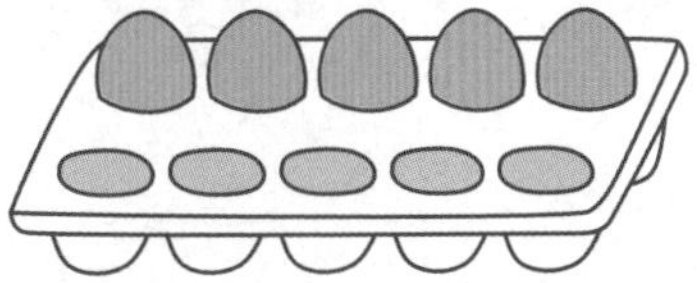

5 + □ = 10

❷

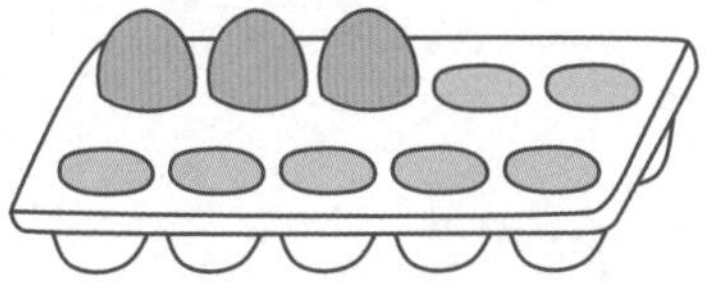

3 + □ = 10

❸

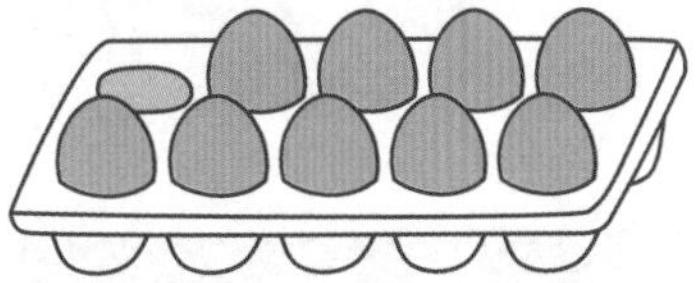

□ + 9 = 10

❹

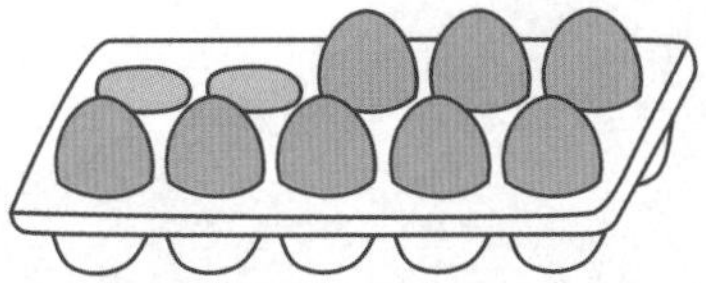

□ + 8 = 10

❺

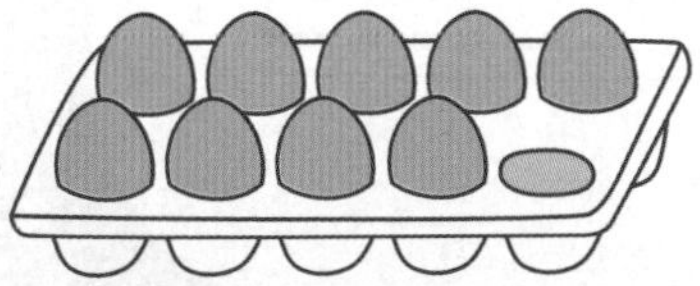

9 + □ = 10

❻

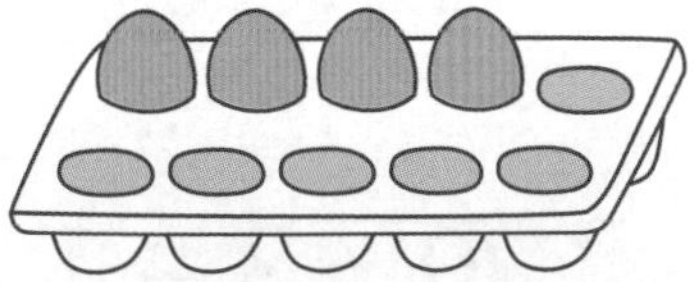

4 + □ = 10

❼

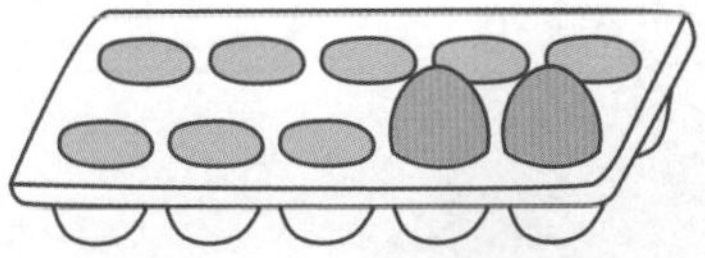

□ + 2 = 10

10개 중에서 깨지고 남은 달걀의 개수를 뺄셈식으로 써 보자.

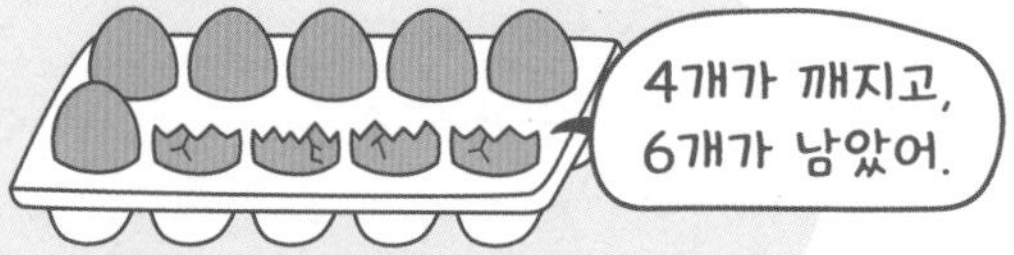

10 - 4 = [6]

❽

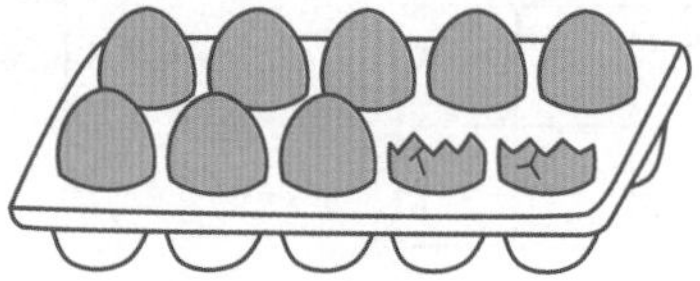

10 - 2 = [ ]

❾

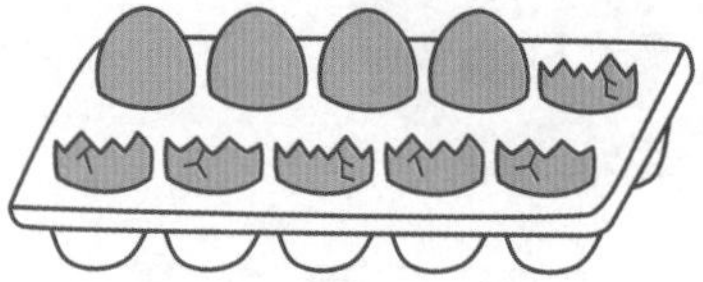

10 - 6 = [ ]

❿

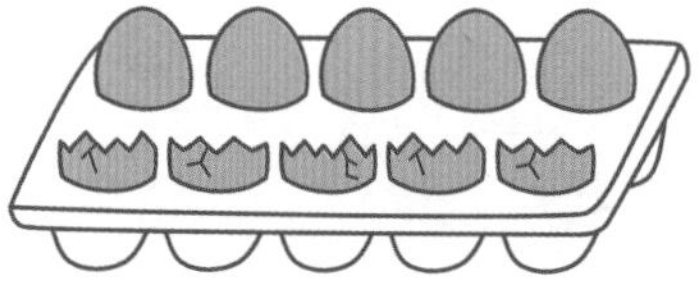

10 - 5 = [ ]

⓫

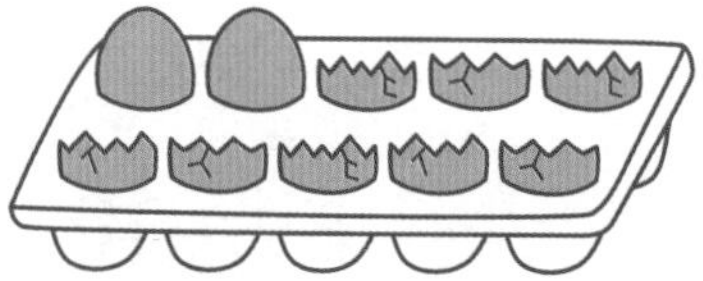

10 - 8 = [ ]

⓬

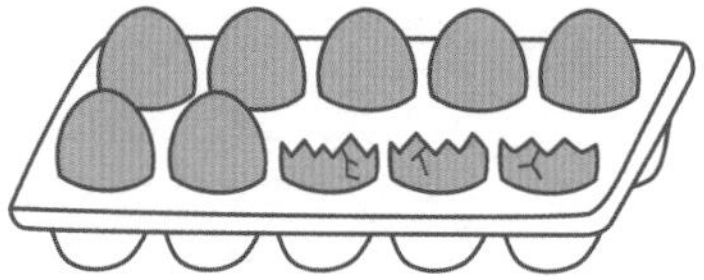

10 - [ ] = 7

7개가 남은 걸까?

몇 개가 깨지고,

⓭

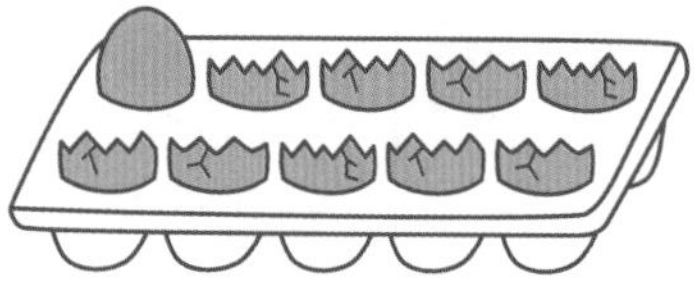

10 - [ ] = 1

공부 끝!

맞힌 개수

/13개

부모님 확인

오늘의 숫자 **26**에 색칠하세요.

Day 05

빈칸에 ○를 그리면
더해서 10이 되는 두 수를
찾을 수 있어.

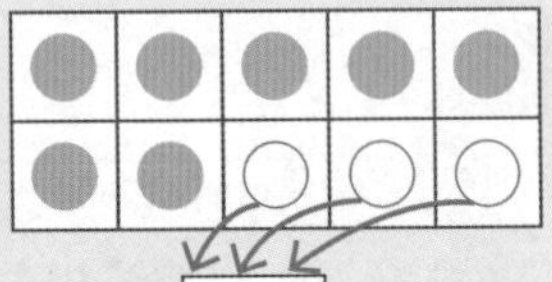

7 + 3 = 10

❶

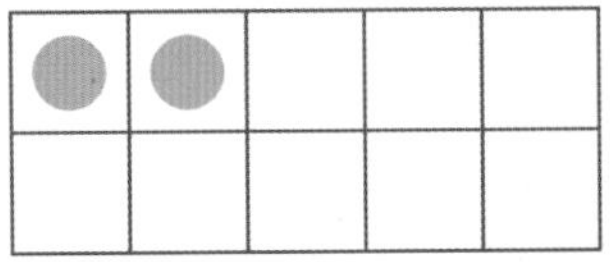

2 + □ = 10

❷

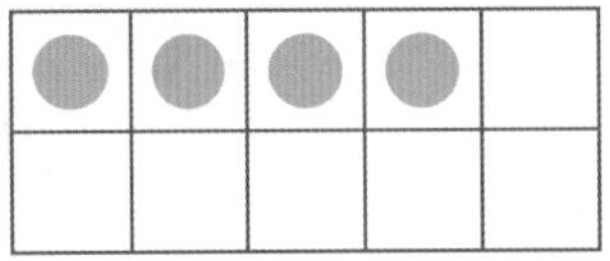

4 + □ = 10

❸

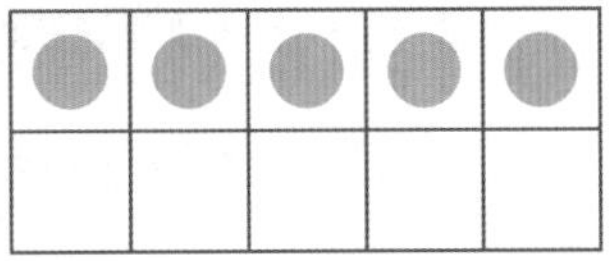

5 + □ = 10

❹

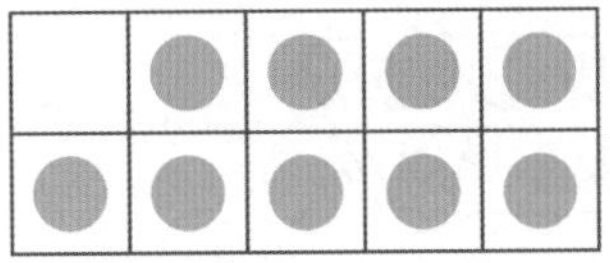

□ + 9 = 10

❺

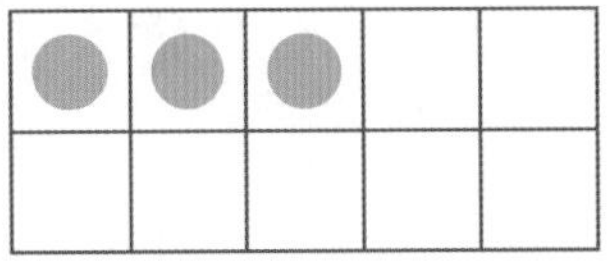

3 + □ = 10

❻

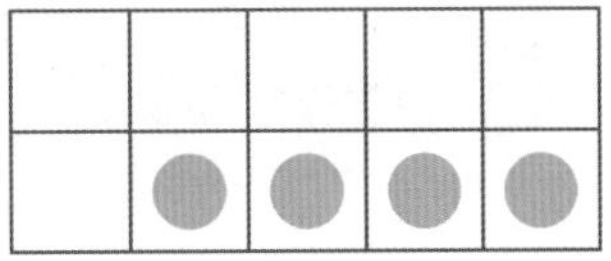

□ + 4 = 10

❼

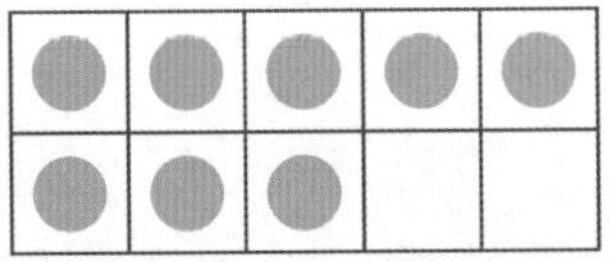

8 + □ = 10

❽

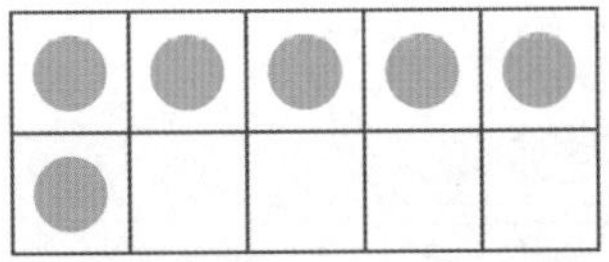

6 + □ = 10

❾

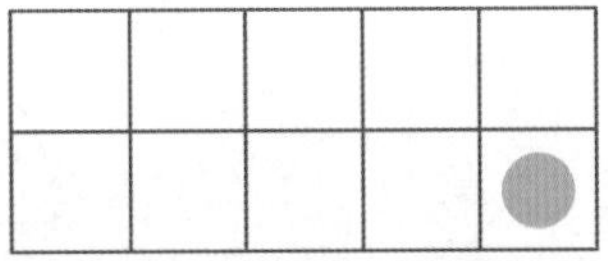

□ + 1 = 10

❿

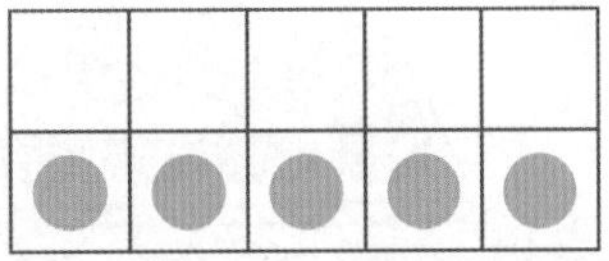

□ + 5 = 10

빼는 만큼 지우면 10에서 빼고 남은 수를 찾을 수 있어.

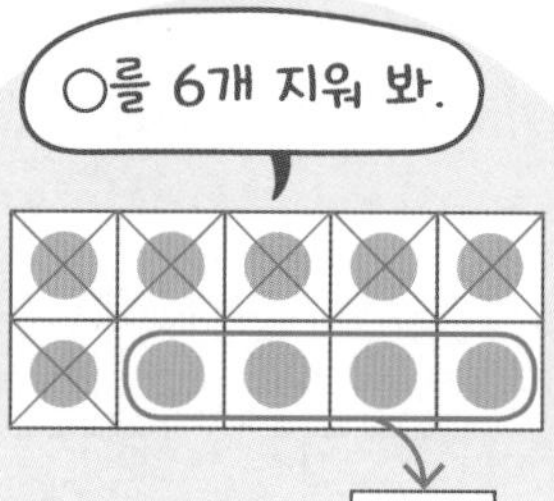

10 - 6 = 4

⓫ 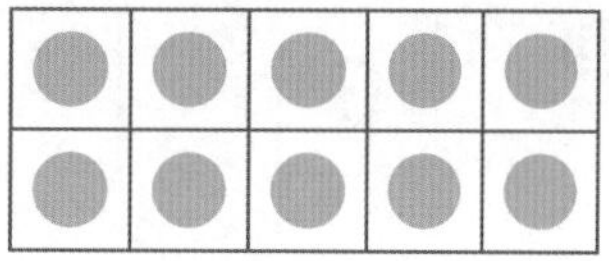

10 - 2 = ☐

⓬ 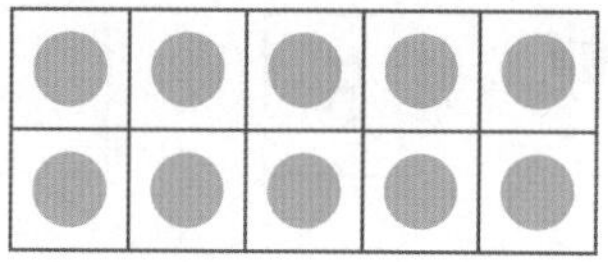

10 - 1 = ☐

⓭ 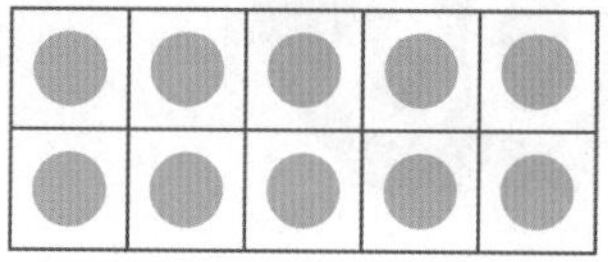

10 - 4 = ☐

⓮ 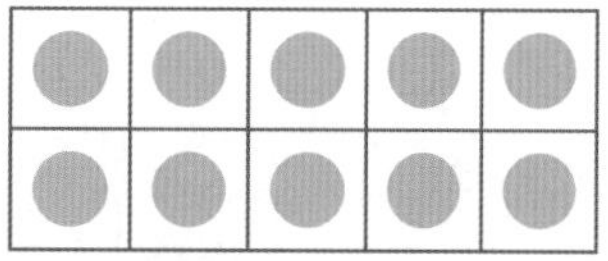

10 - 7 = ☐

⓯ 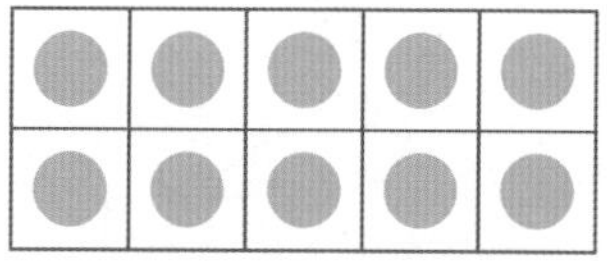

10 - 8 = ☐

⓰ 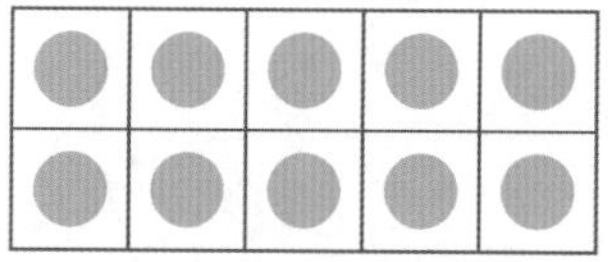

10 - 5 = ☐

⓱ 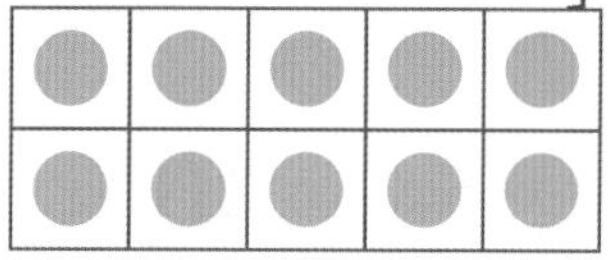

10 - ☐ = 6

⓲ 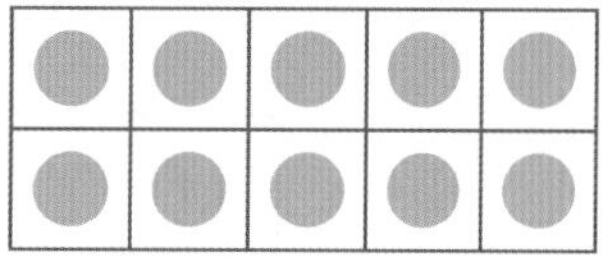

10 - ☐ = 7

⓳ 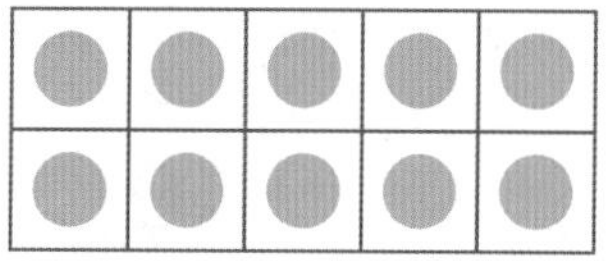

10 - ☐ = 1

공부 끝!

맞힌 개수 /19개

부모님 확인

오늘의 숫자 **10**에 색칠하세요.

Day 06

모아서 10이 되는 두 수로 10이 되는 덧셈식을 완성해 봐.

(예시) 3, 7 → 10
→ 3 + 7 = 10

❶ 5, □ → 10
→ 5 + □ = 10

❷ 6, □ → 10
→ 6 + □ = 10

❸ 2, □ → 10
→ 2 + □ = 10

❹ 8, □ → 10
→ 8 + □ = 10

❺ □, 7 → 10
→ □ + 7 = 10

❻ □, 9 → 10
→ □ + 9 = 10

❼ □, 6 → 10
→ □ + 6 = 10

❽ □, 3 → 10
→ □ + 3 = 10

❾ 9, □ → 10
→ 9 + □ = 10

❿ □, 5 → 10
→ □ + 5 = 10

10을 두 수로 갈라서 10에서 빼는 뺄셈식을 완성해 봐.

10 → 3, 7
→ 10 - 3 = 7

⓫ 10 → 6, □
→ 10 - 6 = □

⓬ 10 → □, 1
→ 10 - □ = 1

⓭ 10 → □, 2
→ 10 - □ = 2

⓮ 10 → 4, □
→ 10 - 4 = □

⓯ 10 → 5, □
→ 10 - 5 = □

⓰ 10 → □, 7
→ 10 - □ = 7

⓱ 10 → □, 9
→ 10 - □ = 9

⓲ 10 → □, 8
→ 10 - □ = 8

⓳ 10 → 7, □
→ 10 - 7 = □

공부 끝!

맞힌 개수 /19개

부모님 확인

오늘의 숫자 **62**에 색칠하세요.

Day 07

수직선의 눈금을 세어서 식을 완성해 봐.

남은 칸을 세어 봐.

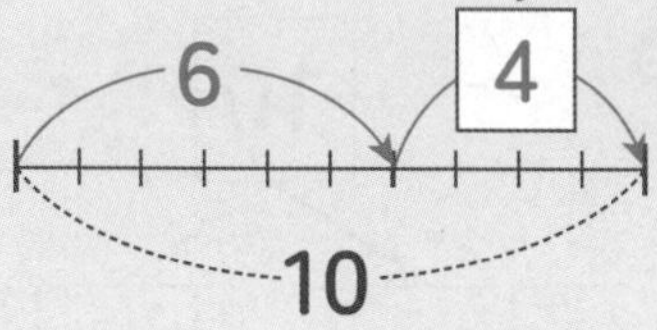

6 + [4] = 10

❶

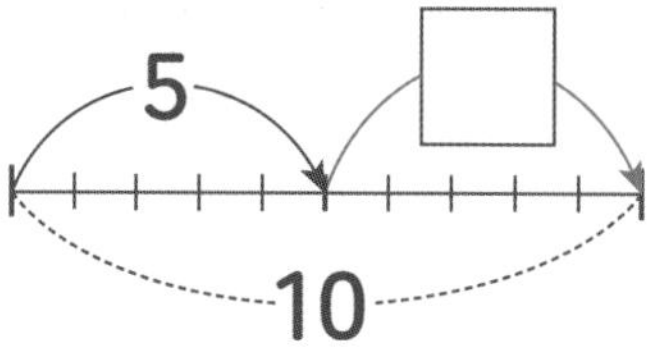

5 + □ = 10

❷

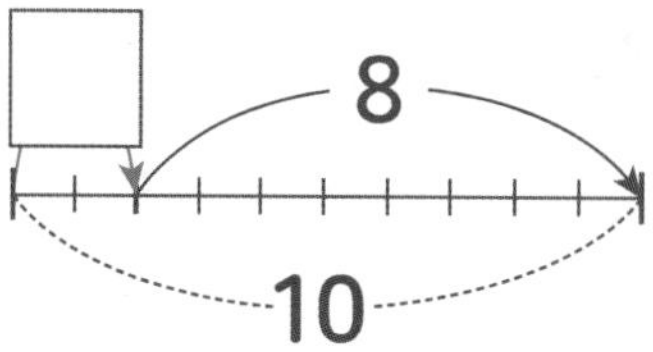

□ + 8 = 10

❸

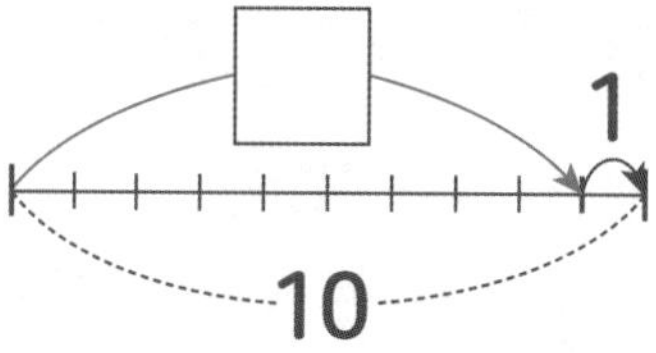

□ + 1 = 10

❹

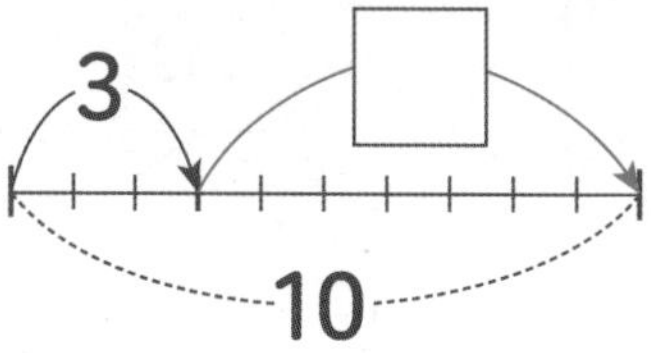

3 + □ = 10

❺

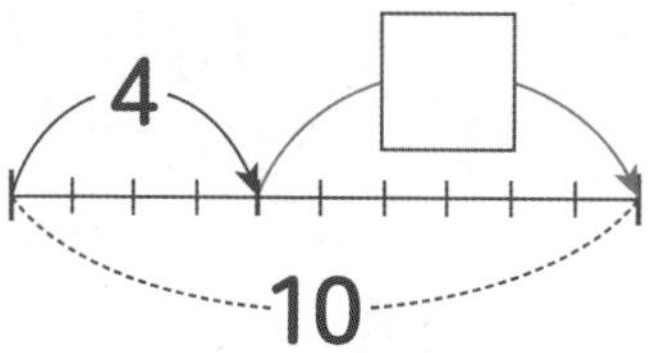

4 + □ = 10

❻

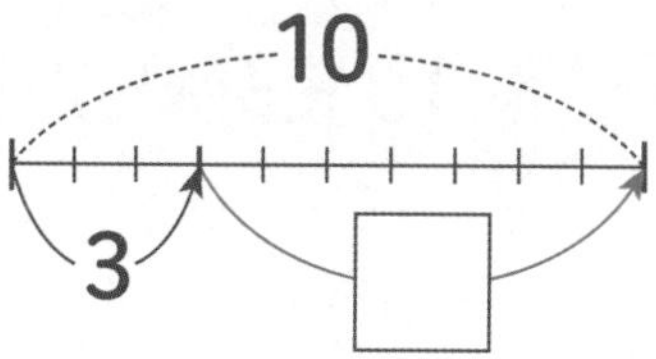

10 - 3 = □

❼

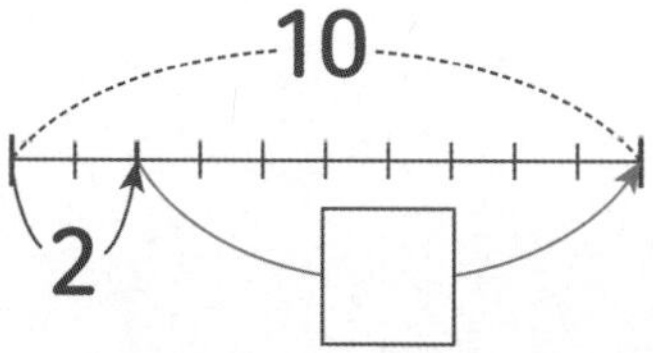

10 - 2 = □

❽

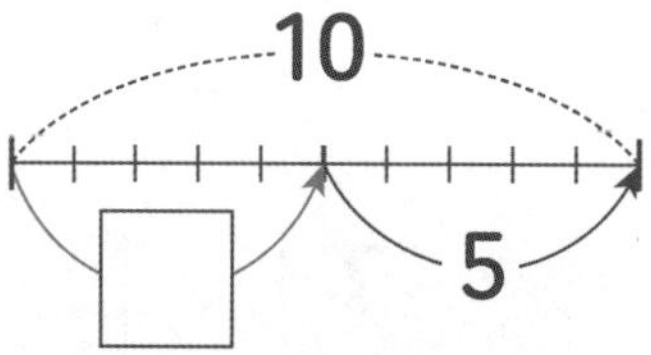

10 - □ = 5

❾

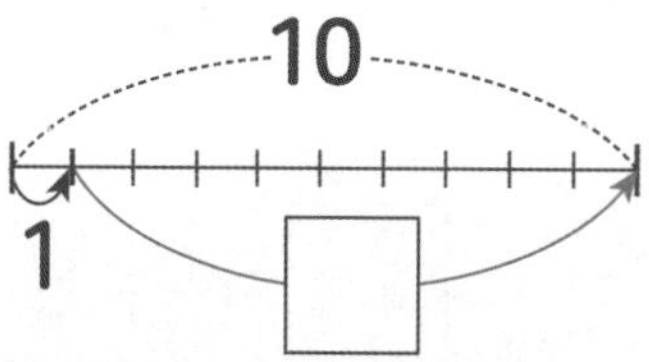

10 - 1 = □

❿

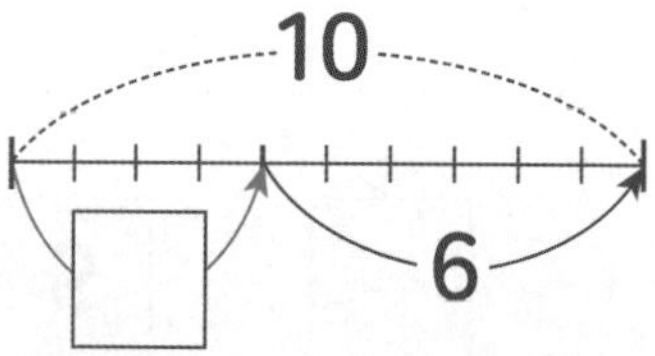

10 - □ = 6

더해서 10이 되는 두 수로 덧셈, 뺄셈을 해 봐.

모아서 10이 되는 두 수를 생각하면 쉽게 찾을 수 있어.

2 + [8] = 10

⑪ [ ] + 7 = 10

⑫ 4 + [ ] = 10

⑬ 9 + [ ] = 10

⑭ 6 + [ ] = 10

⑮ [ ] + 2 = 10

⑯ [ ] + 5 = 10

⑰ 10 - 5 = [ ]

⑱ 10 - 9 = [ ]

⑲ 10 - 4 = [ ]

⑳ 10 - [ ] = 8

㉑ 10 - [ ] = 4

㉒ 10 - [ ] = 7

㉓ 10 - [ ] = 1

공부 끝!

맞힌 개수

/23개

부모님 확인

오늘의 숫자 **55**에 색칠하세요.

Day 08

10이 되는 짝꿍 수를 생각하며 덧셈식과 뺄셈식을 완성해 봐.

❶ 5 + □ = 10

❷ □ + 9 = 10

❸ □ + 3 = 10

❹ 2 + □ = 10

❺ □ + 4 = 10

❻ □ + 1 = 10

❼ 8 + □ = 10

❽ 10 - □ = 5

❾ 10 - 1 = □

❿ 10 - 7 = □

⓫ 10 - □ = 6

⓬ 10 - □ = 1

⓭ 10 - 3 = □

⓮ 10 - 2 = □

⓯ 10 - □ = 9

⑯ 1 + □ = 10

⑰ 10 - 8 = □

⑱ □ + 6 = 10

⑲ □ + 5 = 10

⑳ □ + 8 = 10

㉑ 10 - 9 = □

㉒ 6 + □ = 10

㉓ 10 - □ = 3

㉔ 10 - 5 = □

㉕ 3 + □ = 10

㉖ 10 - 4 = □

㉗ 9 + □ = 10

㉘ □ + 2 = 10

㉙ 10 - □ = 4

㉚ 10 - □ = 7

공부 끝!

맞힌 개수 /30개

부모님 확인

오늘의 숫자 **25**에 색칠하세요.

연산 놀이터

구슬 팔찌를 두 가지 색깔로 디자인해 봐.

부모님 확인

두 가지 색깔로 칠하고 개수를 써 봐.

색	색
개	개

$\square + \square = 10$

03

두 수의 합이 10인 세 수의 덧셈

이번에는 무엇을 배울까?

10이 되는 더하기, 10에서 빼기

두 수의 합이 10인 세 수의 덧셈

받아올림이 있는 (몇) + (몇)

이렇게 지도해요!

❶ 먼저 설명해 주세요.

세 수 중 10이 되는 두 수를 찾아 먼저 더하는 내용을 그림과 말로 풀어내었습니다. 앞에서 배운 [10이 되는 더하기] 개념을 떠올리며 아이와 함께 읽어 보고, 덧셈은 순서를 바꾸어 계산해도 된다는 개념까지 이해합니다.

❷ 수를 이해하며 계산해요.

설명과 이어지는 그림을 이용하여 Day9에서 재미있게 문제를 풉니다.

❸ 충분히 연습해요.

Day10 ~ Day12의 문제 풀이를 통해 수를 이해하는 힘을 기르고, 받아올림이 있는 (몇)+(몇)의 기초를 다집니다.

스스로 계획을 세워요!

	공부할 날짜	목표 시간	복습할 날짜
Day 09 (46)	월 / 일	분 / 9개	월 / 일
Day 10 (46)	월 / 일	분 / 15개	월 / 일
Day 11 (46)	월 / 일	분 / 29개	월 / 일
Day 12 (46)	월 / 일	분 / 30개	월 / 일

선생님의 칠판

세 수를 더할 때에는 더해서 10이 되는 두 수를 먼저 찾아봐.

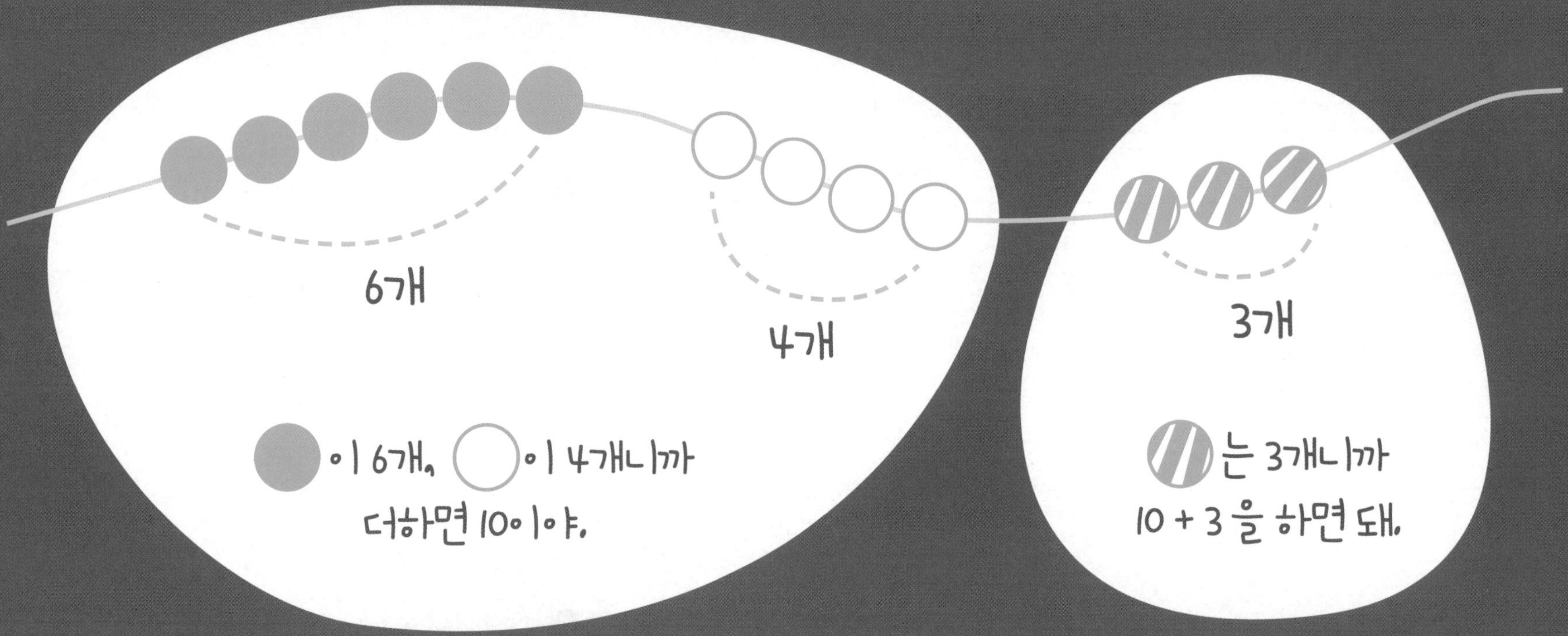

$6 + 4 + 3 = 13$

10을 먼저 만들어 더해.

Day 09

10개가 되는 블록과 수를 먼저 묶은 후 남은 블록의 개수를 더해 봐.

두 블록을 묶어야 꼭 맞는 10개가 돼.

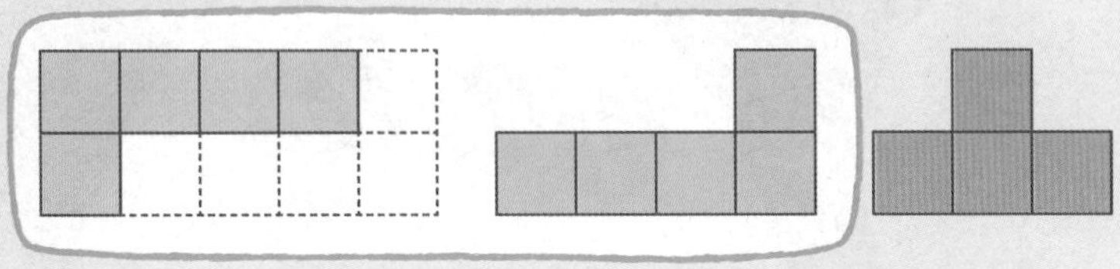

5 + 5 + 4 = 14

❶

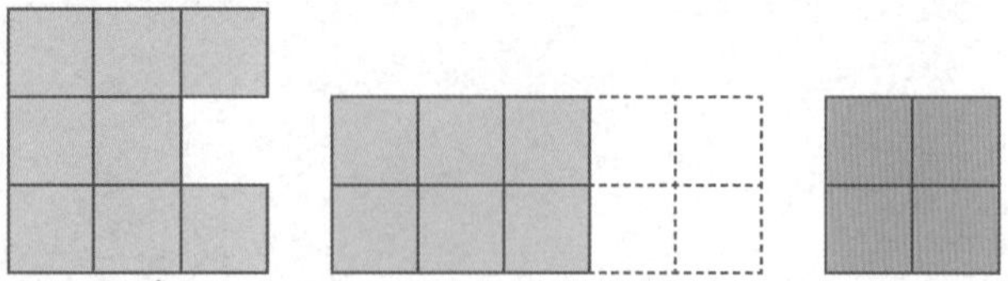

10이 되는 블록과 수를 ▭로 묶어 봐.

8 + 6 + 4 = ☐

❷

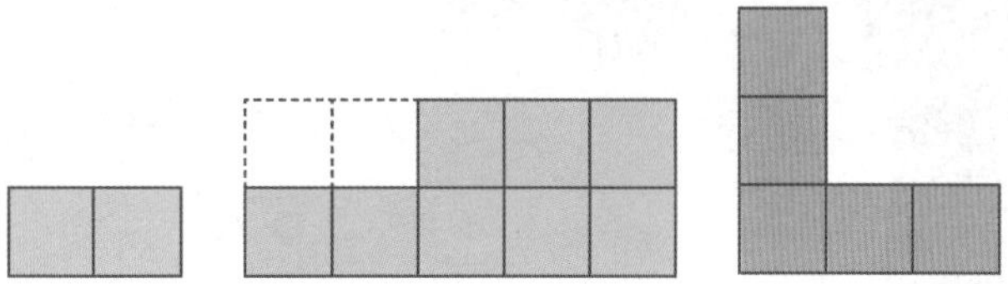

2 + 8 + 5 = ☐

❸

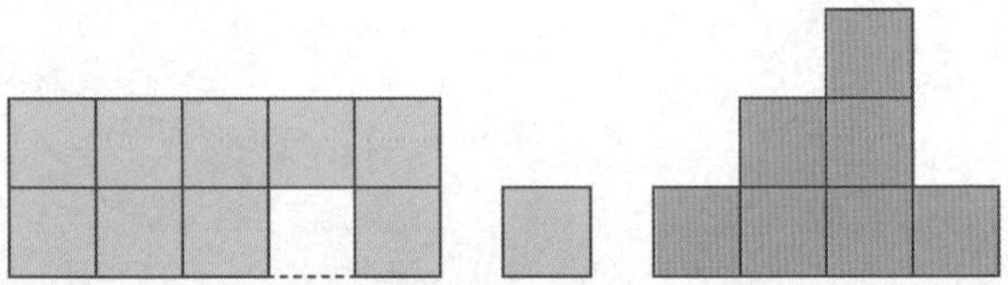

9 + 1 + 7 = ☐

❹

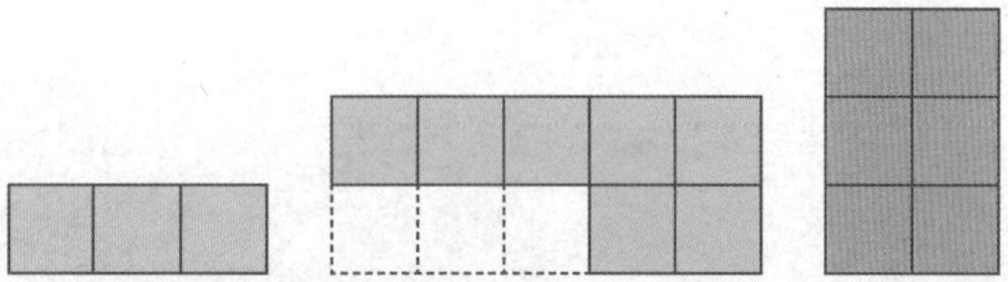

3 + 7 + 6 = ☐

❺ 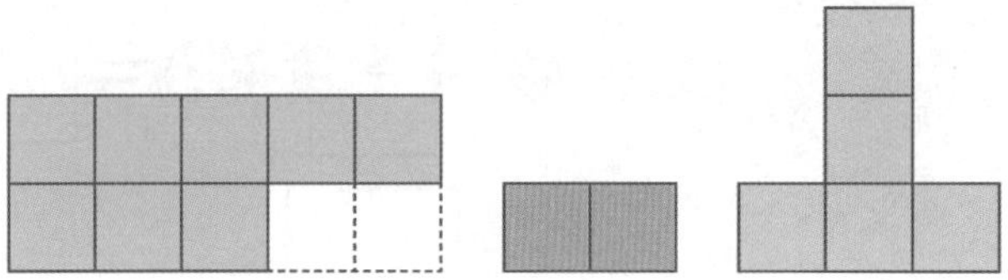

8 + 2 + 5 = ☐

❻ 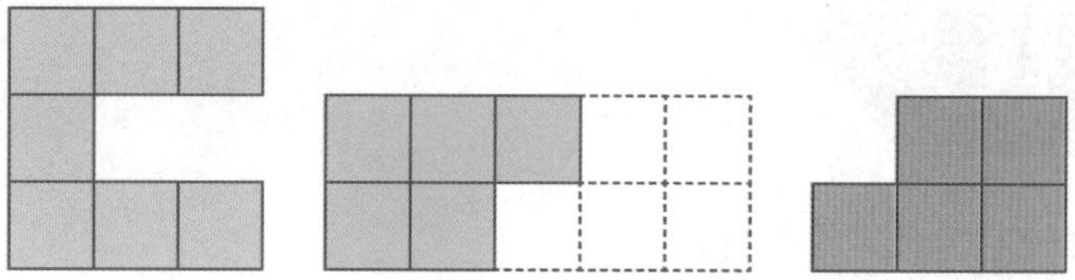

7 + 5 + 5 = ☐

❼ 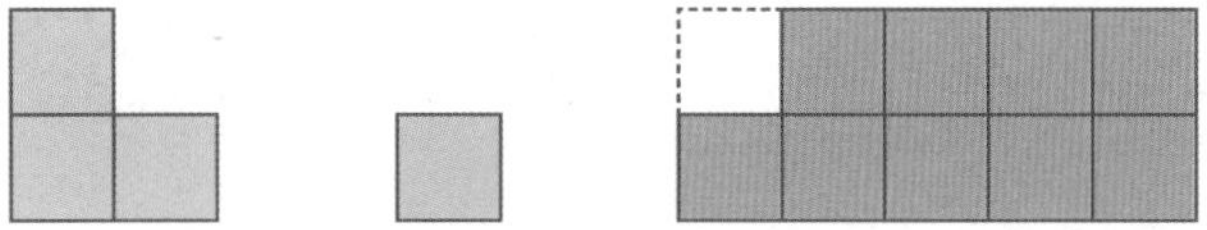

3 + 1 + 9 = ☐

❽ 

2 + 3 + 7 = ☐

❾ 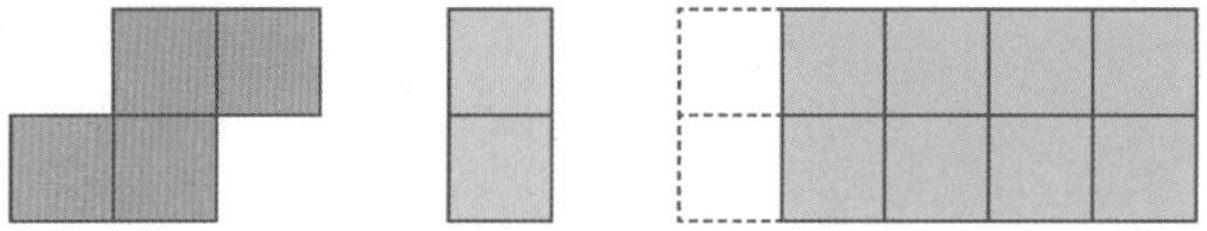

4 + 2 + 8 = ☐

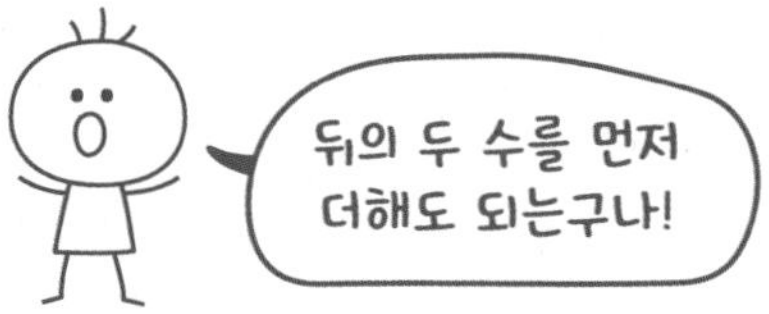

공부 끝!

맞힌 개수

/9개

부모님 확인

오늘의 숫자 **41**에 색칠하세요.

Day 10

합이 10이 되는 두 수를 먼저 더하고 남은 수를 더해 봐.

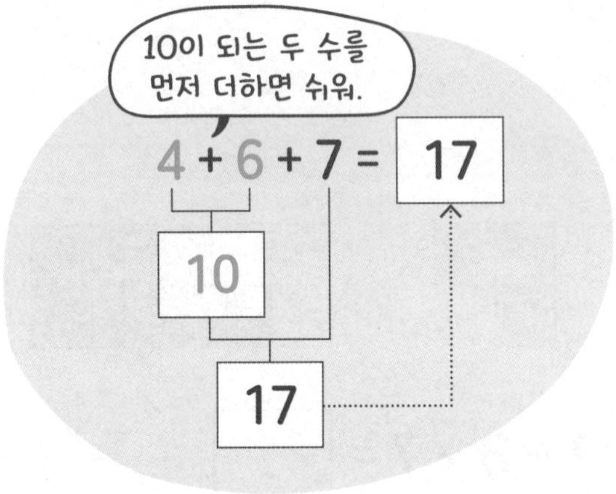

❶ 5 + 5 + 7 = □

❷ 1 + 9 + 3 = □

❸ 3 + 7 + 6 = □

❹ 6 + 4 + 8 = □

❺ 8 + 2 + 1 = □

❻ 2 + 1 + 9 = □

❼ 5 + 7 + 3 = □

⑧ 9 + 5 + 5 = □

⑨ 6 + 2 + 8 = □

⑩ 4 + 3 + 7 = □

양 끝에 있는 두 수를 먼저 더해서 10을 만들 수도 있어.

⑪ 8 + 7 + 2 = □

⑫ 3 + 9 + 7 = □

⑬ 9 + 5 + 1 = □

⑭ 6 + 3 + 4 = □

⑮ 5 + 4 + 5 = □

공부 끝!

맞힌 개수 /15개

부모님 확인

오늘의 숫자 **49**에 색칠하세요.

Day 11

더해서 10이 되는 두 수를 찾아 ◯로 묶고, 두 수씩 더해 봐.

❶ 10을 먼저 만들고

(4 + 6) + 8 = 18

10

❷ 남은 수를 더해서 (십몇)을 만들면 돼.

❶ 8 + (9 + 1)

더해서 10이 되는 수를 묶어서 계산해.

❷ 4 + 8 + 6

❸ 9 + 7 + 3

❹ 5 + 5 + 4

❺ 5 + 4 + 5

❻ 1 + 8 + 2

❼ 5 + 9 + 1

❽ 8 + 2 + 3

❾ 7 + 5 + 3

❿ 9 + 1 + 6

⓫ 3 + 4 + 6

⓬ 2 + 7 + 8

⓭ 7 + 3 + 2

⓮ 2 + 8 + 9

⑮ 8 + 9 + 1

⑯ 6 + 7 + 4

⑰ 1 + 9 + 5

⑱ 6 + 2 + 4

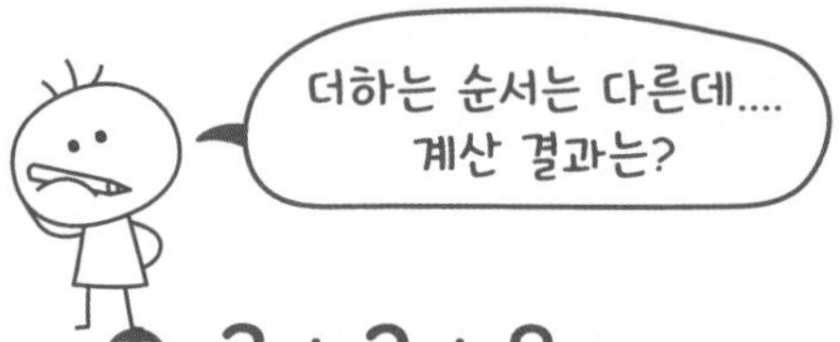

⑲ 3 + 2 + 8

⑳ 2 + 3 + 8

㉑ 8 + 2 + 3

㉒ 5 + 6 + 5

㉓ 7 + 5 + 5

㉔ 7 + 9 + 3

㉕ 2 + 3 + 7

㉖ 9 + 4 + 6

㉗ 1 + 4 + 6

㉘ 3 + 7 + 8

㉙ 4 + 5 + 6

공부 끝!

맞힌 개수

/29개

부모님 확인

오늘의 숫자 **29**에 색칠하세요.

Day 12

더해서 10이 되는 두 수를 먼저 찾자.

❶ 4 + 6 + 3

❷ 9 + 1 + 3

❸ 2 + 8 + 5

❹ 6 + 6 + 4

❺ 1 + 7 + 3

❻ 9 + 8 + 2

❼ 3 + 6 + 7

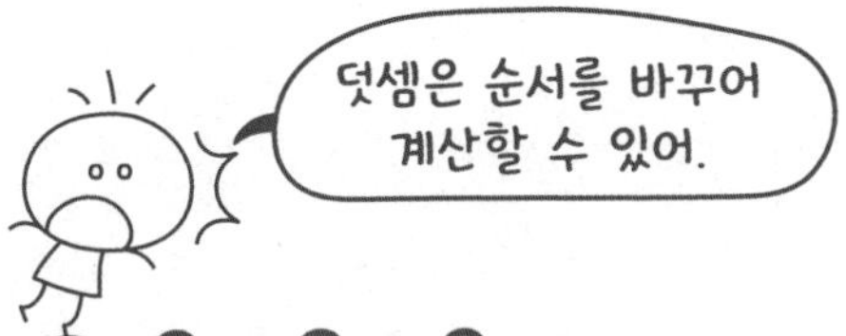

❽ 4 + 6 + 4

❾ 8 + 3 + 2

❿ 7 + 3 + 7

⓫ 5 + 6 + 4

⓬ 1 + 4 + 9

⓭ 5 + 2 + 5

⓮ 8 + 2 + 6

⓯ 7 + 4 + 3

⑯ $1+9+7$

⑰ $2+8+6$

⑱ $5+5+1$

⑲ $7+6+3$

⑳ $3+2+8$

㉑ $6+7+4$

㉒ $2+3+7$

㉓ $9+4+1$

㉔ $2+5+5$

㉕ $7+3+6$

㉖ $6+9+4$

㉗ $3+9+1$

㉘ $3+7+3$

㉙ $4+8+2$

㉚ $5+5+7$

공부 끝!

맞힌 개수

/30개

부모님 확인

오늘의 숫자 **91**에 색칠하세요.

연산 놀이터

부모님 확인

금고를 열 수 있는 비밀번호를 알아내보자.

비밀번호 힌트

2 + ★ + 4 = 14

1 + ☆ + 8 = 11

5 + ■ + 3 = 13

7 + ♥ + 6 = 17

비밀번호는 ★☆■♥야.

비밀번호를 입력하세요.

04

받아올림이 있는 (몇)+(몇)

이번에는 무엇을 배울까?

두 수의 합이 10인 세 수의 덧셈

받아올림이 있는 (몇) + (몇)

두 수의 차가 10인 세 수의 뺄셈

이렇게 지도해요!

❶ 먼저 설명해 주세요.

받아올림 개념에서 가장 중요한 것은 10이 되는 두 수입니다. 따라서 10을 만들어 더하는 방법을 그림과 말로 풀어내었으므로 아이와 함께 읽어 보면서 받아올림의 원리를 이해합니다.

❷ 수를 이해하며 계산해요.

설명과 이어지는 그림을 이용하여 Day13에서 재미있게 문제를 풉니다.

❸ 충분히 연습해요.

Day14 ~ Day17의 문제 풀이를 통해 수를 이해하는 힘을 기르고, 받아올림이 있는 덧셈의 기초를 다집니다.

스스로 계획을 세워요!

	공부할 날짜	목표 시간	복습할 날짜
Day 13 (46)	월 / 일	분 / 13개	월 / 일
Day 14 (46)	월 / 일	분 / 22개	월 / 일
Day 15 (46)	월 / 일	분 / 22개	월 / 일
Day 16 (46)	월 / 일	분 / 36개	월 / 일
Day 17 (46)	월 / 일	분 / 38개	월 / 일

선생님의 칠판

더했을 때 9보다 크면 어떻게 할까?

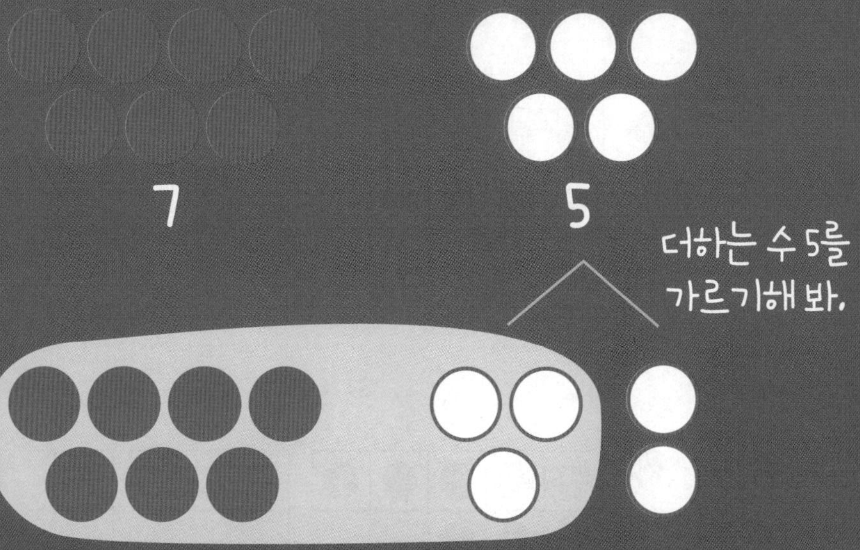

$\underbrace{7 + 3}_{10} + 2 = 12$

더해지는 수 7을
가르기해도 돼.

$7 + 5 = 12$

$2 + \underbrace{5 + 5}_{10} = 12$

더해서 나온 10의 묶음 1개를
십의 자리에 숫자 1로 써주는 것을
받아올림이라고 해.

Day 13

더하는 수만큼 ○를 이어서 그려 10칸을 채우고 남은 개수와 더해.

❶ 8개 중 3개를 이어서 그리면 10칸에 꽉 차고, ❷ 5개가 남아.

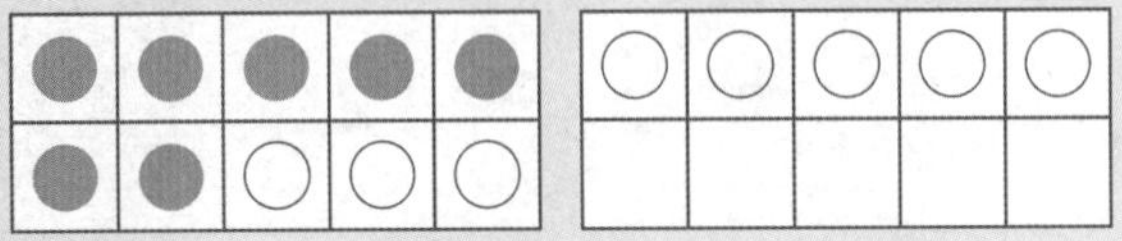

7 + 8 = 15

❶

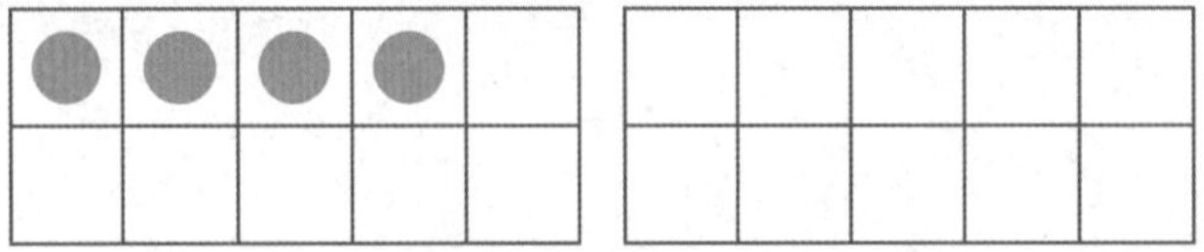

4 + 8 = □

❷

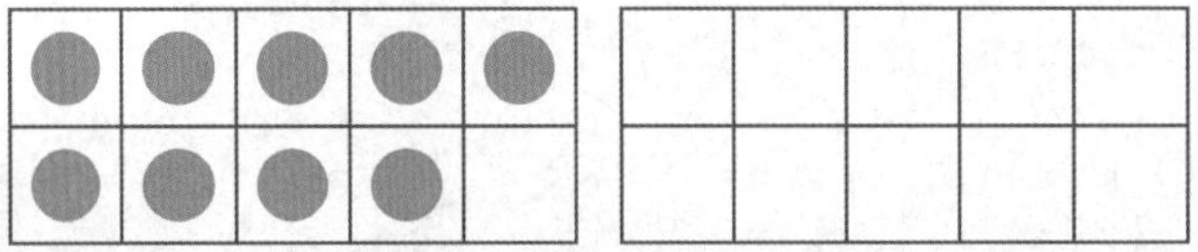

9 + 4 = □

❸

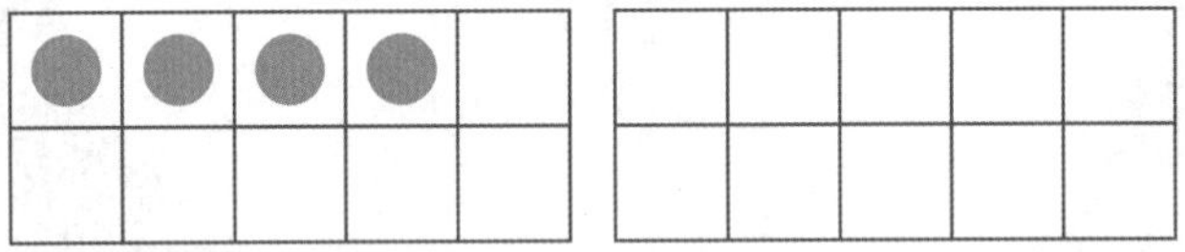

4 + 7 = □

❹

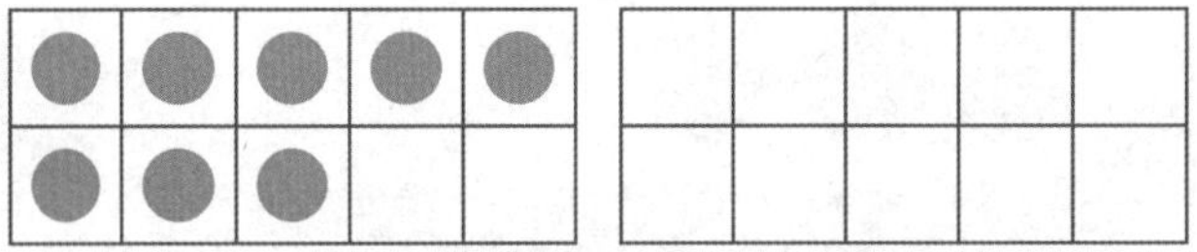

8 + 8 = □

❺

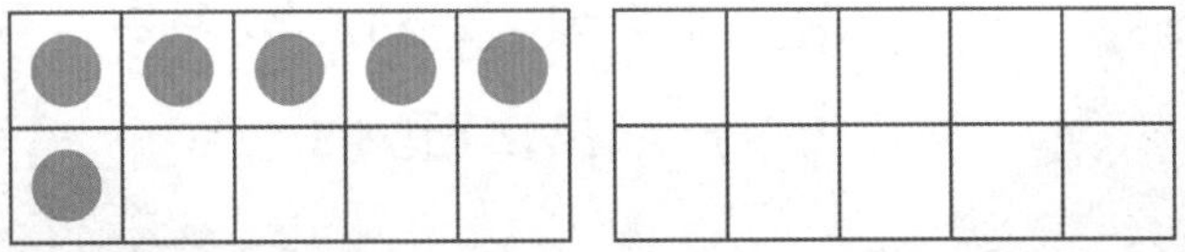

6 + 9 = □

❻

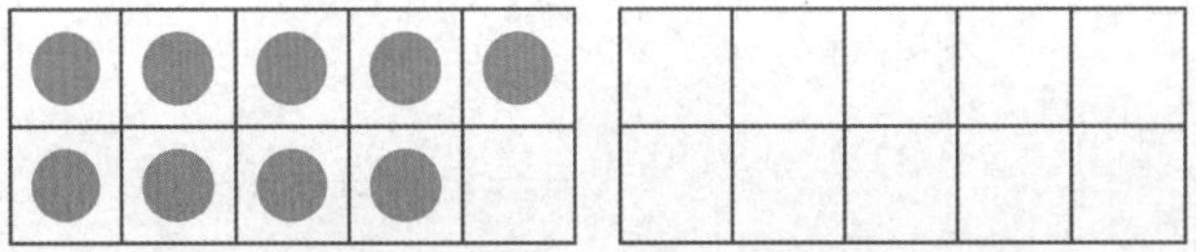

9 + 3 = □

7 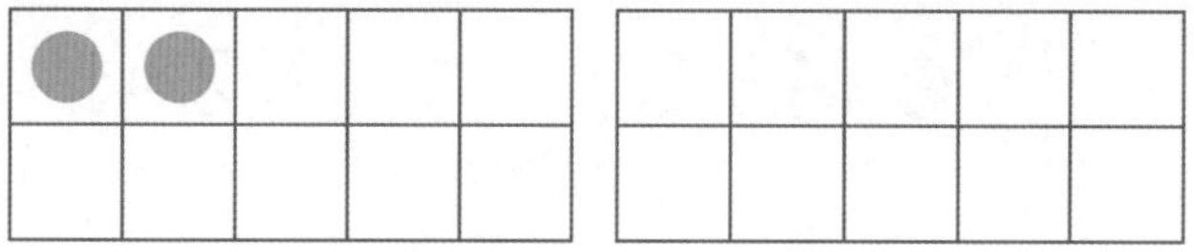

2 + 9 = □

8 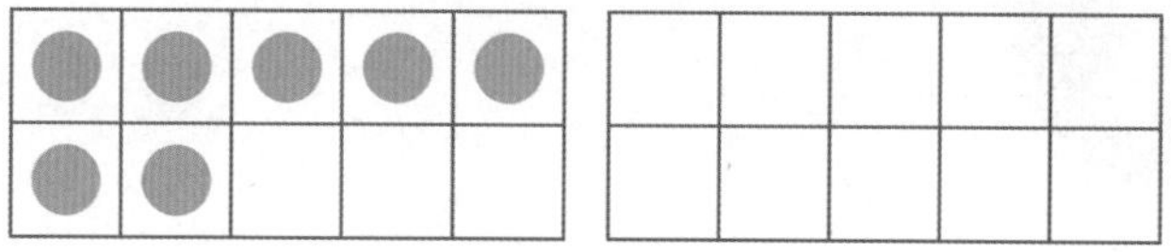

7 + 6 = □

9 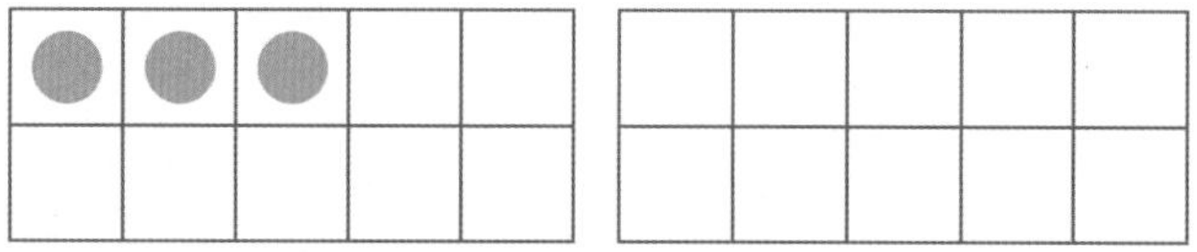

3 + 8 = □

10 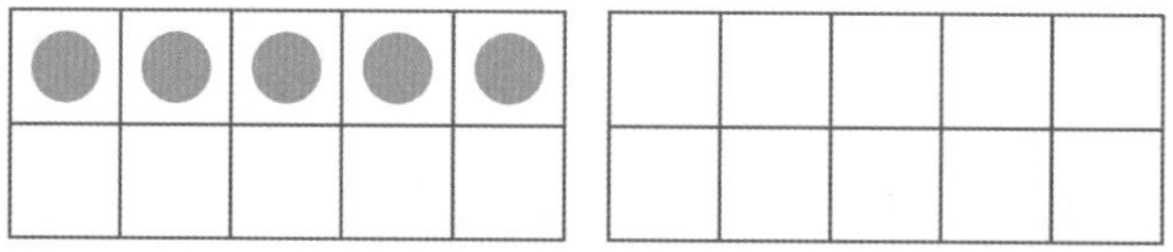

5 + 9 = □

11 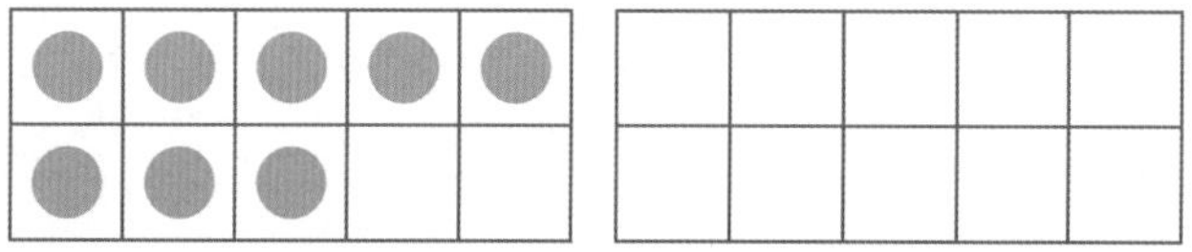

8 + 9 = □

12 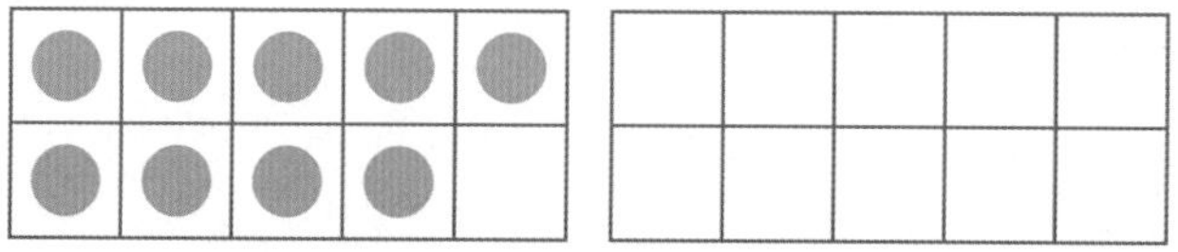

9 + 7 = □

13 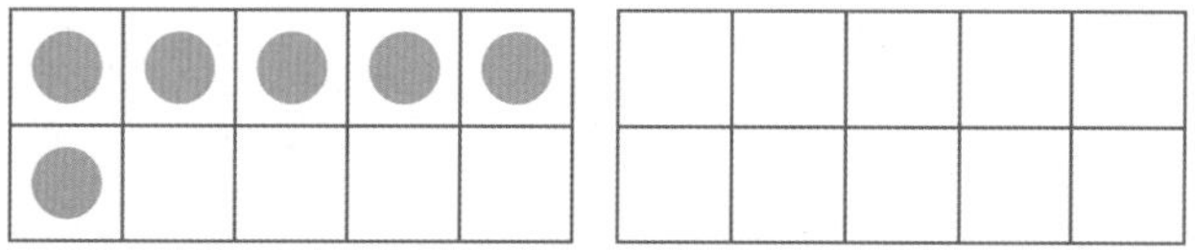

6 + 7 = □

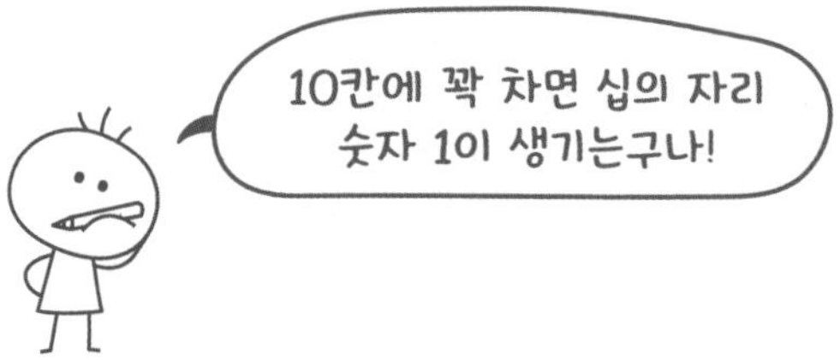

오늘의 숫자 **13**에 색칠하세요.

Day 14

뒤의 수를 가르기하여 10을 만들고 남은 수와 더해 봐.

7이 10이 되도록 8을 갈라 봐!

7 + 8 = [10] + 5 = [15]

8 → [3], 5

7 + [3] = [10]

가르고 남은 수와 더해.

❶ 6 + 7 = [ ] + 3 = [ ]

7 → [ ], 3

❷ 4 + 8 = [ ] + 2 = [ ]

8 → [ ], 2

❸ 7 + 4 = [ ] + 1 = [ ]

4 → [ ], 1

❹ 9 + 6 = 10 + [ ] = [ ]

6 → [ ], 5

❺ 8 + 6 = 10 + [ ] = [ ]

6 → [ ], 4

❻ 7 + 5 = 10 + [ ] = [ ]

5 → [ ], 2

❼ 6 + 6 = 10 + [ ] = [ ]

6 → [ ], 2

9가 10이 되려면?

⑧ 9 + 4
□ 3

1이 더 필요해.

⑨ 8 + 7
□ 5

⑩ 3 + 8
□ 1

⑪ 8 + 8
□ 6

⑫ 7 + 7
□ 4

⑬ 5 + 7
□ 2

⑭ 2 + 9
□ 1

⑮ 9 + 4
□ 3

⑯ 6 + 5
□ 1

⑰ 8 + 3
□ 1

⑱ 7 + 6
□ 3

⑲ 5 + 9
□ 4

⑳ 6 + 9
□ 5

㉑ 3 + 9
□ 2

㉒ 8 + 4
□ 2

공부 끝!

맞힌 개수 /22개

부모님 확인

오늘의 숫자 23에 색칠하세요.

월 일 /8 분

Day 15

앞의 수를 가르기하여 10을 만들고 남은 수와 더해 봐.

6이 10이 되도록 7을 갈라 봐.

7 + 6 = 3 + [10] = [13]
(7 → 3, [4]; [4] + 6 → [10])

❶ 5 + 7 = 2 + [ ] = [ ]
(5 → 2, [ ]; [ ] + 7 → [ ])

❷ 2 + 9 = [ ] + 10 = [ ]
(2 → 1, [ ]; [ ] + 9 → [ ])

❸ 9 + 4 = [ ] + 10 = [ ]
(9 → 3, [ ]; [ ] + 4 → [ ])

❹ 8 + 7 = 5 + [ ] = [ ]
(8 → 5, [ ]; [ ] + 7 → [ ])

❺ 7 + 9 = [ ] + 10 = [ ]
(7 → 6, [ ]; [ ] + 9 → [ ])

❻ 3 + 8 = [ ] + 10 = [ ]
(3 → 1, [ ]; [ ] + 8 → [ ])

❼ 6 + 7 = [ ] + 10 = [ ]
(6 → 3, [ ]; [ ] + 7 → [ ])

❽ 8 + 5

3 □ ❶ 10을 만들고,

❷ 남은 3과 더해.

❾ 4 + 7

1 □

❿ 6 + 8

4 □

⓫ 7 + 7

4 □

⓬ 9 + 8

7 □

⓭ 3 + 9

2 □

⓮ 8 + 8

6 □

⓯ 5 + 6

1 □

⓰ 7 + 5

2 □

⓱ 9 + 6

5 □

⓲ 6 + 6

2 □

⓳ 9 + 7

6 □

⓴ 4 + 9

3 □

㉑ 7 + 4

1 □

㉒ 4 + 8

2 □

공부 끝!

맞힌 개수

/22개

부모님 확인

오늘의 숫자 **1**에 색칠하세요.

Day 16

두 수 중 한 수를 10으로 만들고, 남은 수를 더하면 돼.

어떤 수를 택하여 가르기 해도

3 + 9 = 12
(3 → 2, 1)

계산 결과는 같아.

3 + 9 = 12
(9 → 7, 2)

❶ 5 + 6

❷ 6 + 6

❸ 4 + 9

❹ 8 + 8

❺ 9 + 7

❻ 9 + 5

❼ 6 + 8

❽ 3 + 9

❾ 8 + 3

❿ 7 + 6

⓫ 2 + 9

⓬ 7 + 5

⓭ 9 + 9

⓮ 5 + 9

⓯ 4 + 8

⓰ 8 + 5

⓱ 8 + 7

⑱ 3 + 8

⑲ 9 + 6

⑳ 6 + 7

㉑ 6 + 9

㉒ 8 + 9

㉓ 5 + 7

㉔ 9 + 8

㉕ 7 + 8

㉖ 7 + 7

㉗ 5 + 6

㉘ 7 + 9

㉙ 6 + 5

㉚ 8 + 4

㉛ 5 + 8

㉜ 4 + 7

㉝ 8 + 6

㉞ 9 + 3

㉟ 7 + 4

㊱ 9 + 4

공부 끝!

맞힌 개수

/36개

부모님 확인

오늘의 숫자 **17**에 색칠하세요.

Day 17

먼저 10을 만들어
더해 봐.

❶ 4 + 9

❷ 2 + 9

❸ 6 + 7

❹ 6 + 6

❺ 8 + 7

❻ 5 + 8

❼ 6 + 9

❽ 4 + 8

❾ 9 + 5

❿ 3 + 8

⓫ 7 + 8

⓬ 5 + 6

⓭ 7 + 7

⓮ 9 + 3

⓯ 6 + 8

⓰ 5 + 7

⓱ 7 + 4

⓲ 8 + 4

⓳ 9 + 2

⑳ 9 + 9

㉑ 7 + 6

㉒ 9 + 7

㉓ 8 + 9

㉔ 8 + 3

㉕ 5 + 9

㉖ 8 + 8

㉗ 8 + 5

㉘ 3 + 9

㉙ 7 + 8

㉚ 9 + 4

㉛ 4 + 7

㉜ 9 + 8

㉝ 4 + 8

㉞ 8 + 6

㉟ 7 + 5

㊱ 6 + 5

㊲ 9 + 6

㊳ 7 + 9

공부 끝!

맞힌 개수 /38개

부모님 확인

오늘의 숫자 40에 색칠하세요.

연산 놀이터

우주선이 도착한 곳에 문제의 답을 써 보자.

부모님 확인

05

두 수의 차가 10인 세 수의 뺄셈

이번에는 무엇을 배울까?

받아올림이 있는 (몇)+(몇)	두 수의 차가 10인 세 수의 뺄셈	받아내림이 있는 (십몇)-(몇)

이렇게 지도해요!

❶ 먼저 설명해 주세요.

세 수 중 10이 되는 두 수를 찾아 먼저 빼는 내용을 그림과 말로 풀어내었습니다. 앞에서 배운 [10에서 빼기] 개념을 떠올리며 아이와 함께 읽어 보고, 10을 이용한 세 수의 차를 계산합니다.

❷ 수를 이해하며 계산해요.

설명과 이어지는 그림을 이용하여 Day18에서 재미있게 문제를 풉니다.

❸ 충분히 연습해요.

Day19 ~ Day21의 문제 풀이를 통해 수를 이해하는 힘을 기르고, 받아내림이 있는 뺄셈의 기초를 다집니다.

스스로 계획을 세워요!

	공부할 날짜	목표 시간	복습할 날짜
Day 18 (18/46)	월/일	분/12개	월/일
Day 19 (19/46)	월/일	분/20개	월/일
Day 20 (20/46)	월/일	분/37개	월/일
Day 21 (21/46)	월/일	분/38개	월/일

선생님의 칠판

세 수 중 뺐을 때, 10이 되는 두 수를 먼저 찾아봐.

$12 - 2 - 5 = 5$

10 그리고 10-5를 하면 돼.

$12 - 5 - 2 = 5$

10 뒤에 있는 2를 먼저 빼고 남은 5를 빼줄 수도 있지.

10을 만든 다음 남은 수를 빼면 돼!

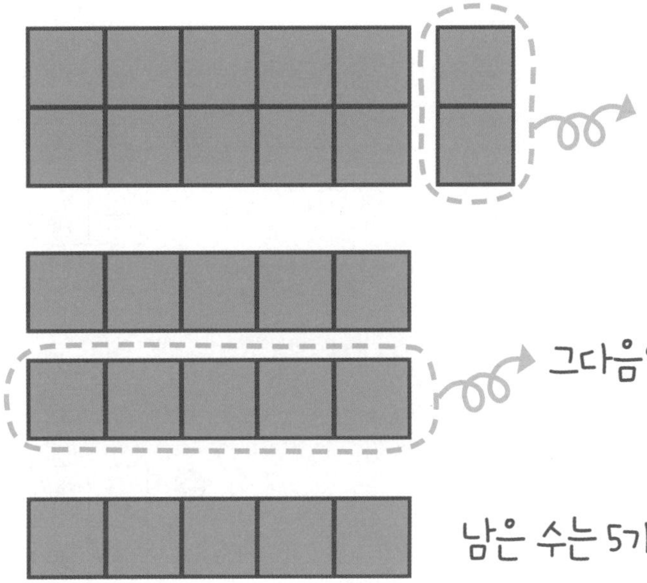

12에서 2를 빼서 10을 만들어.

그다음엔 10에서 5를 빼줘.

남은 수는 5가 되지.

Day 18

●를 지워서 10을 만든 후,
10에서 남은 수만큼 더 지워 봐.

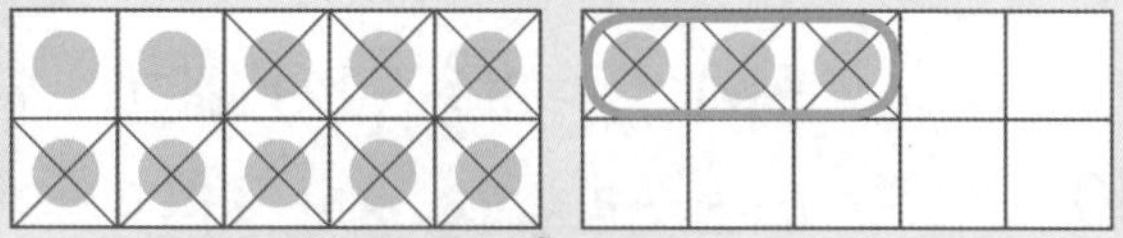

(13 - 3) - 8 = 2
→10

❶

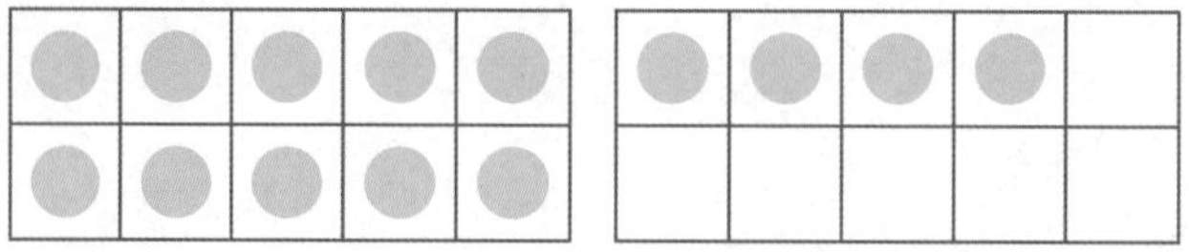

14 - 4 - 6 = ☐

❷

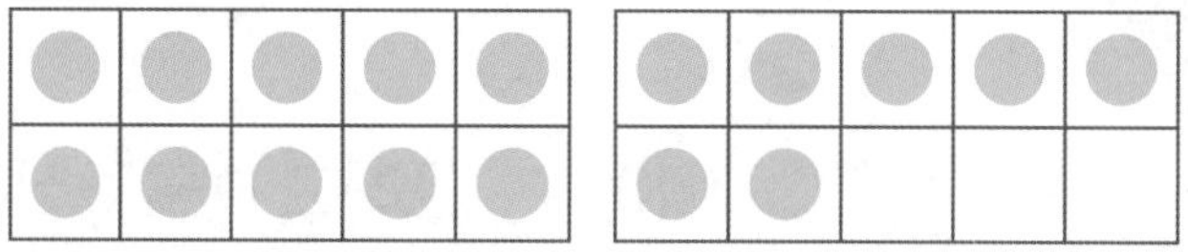

17 - 7 - 5 = ☐

❸

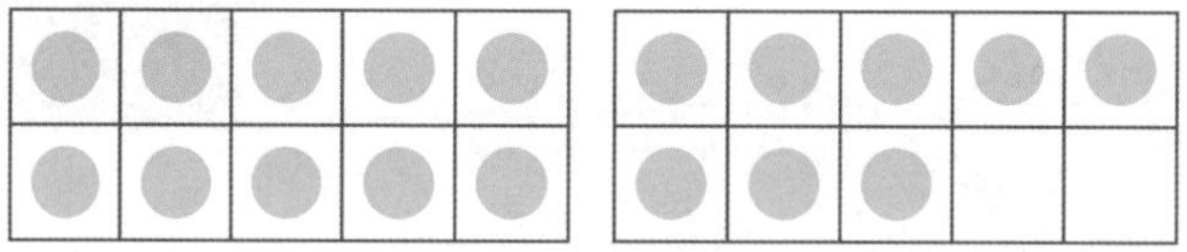

18 - 8 - 3 = ☐

❹

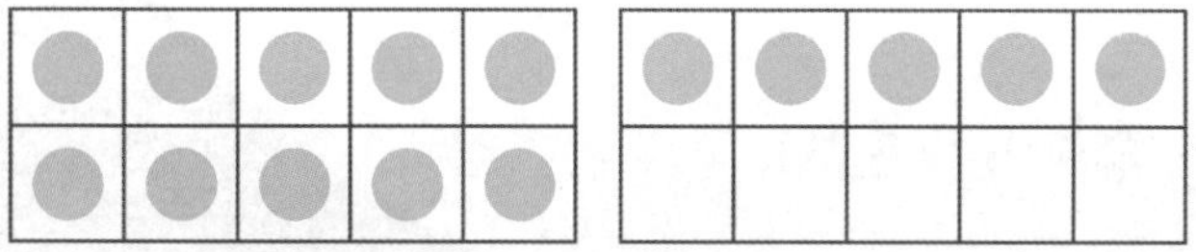

15 - 5 - 4 = ☐

❺

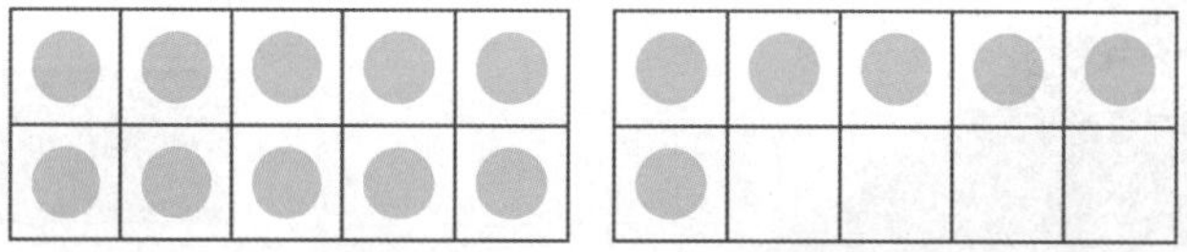

16 - 6 - 7 = ☐

뒤의 수를 먼저 빼서 10을 만들 수도 있어.

❻ 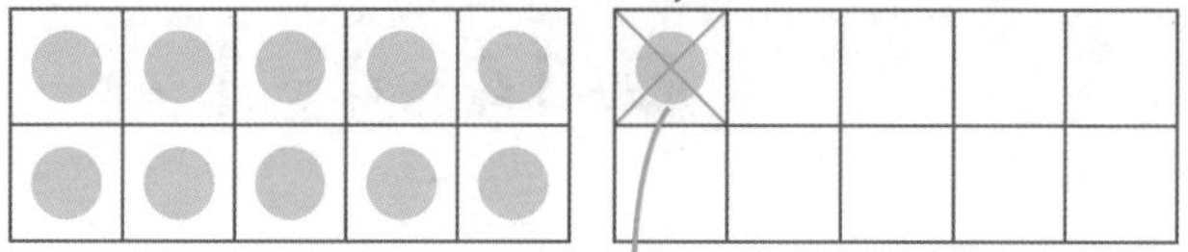

11 - 3 - 1 = □

❼ 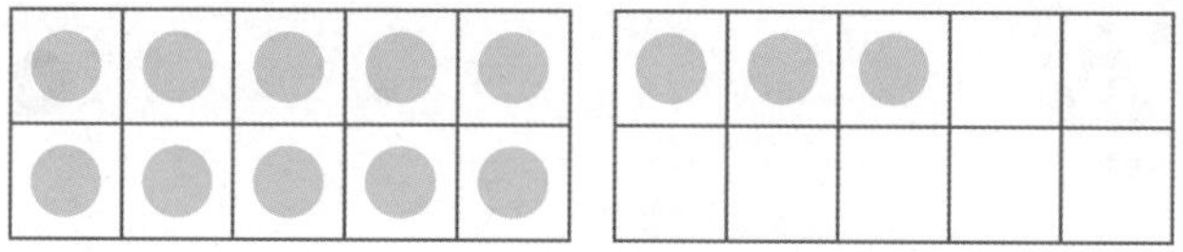

13 - 1 - 3 = □

❽ 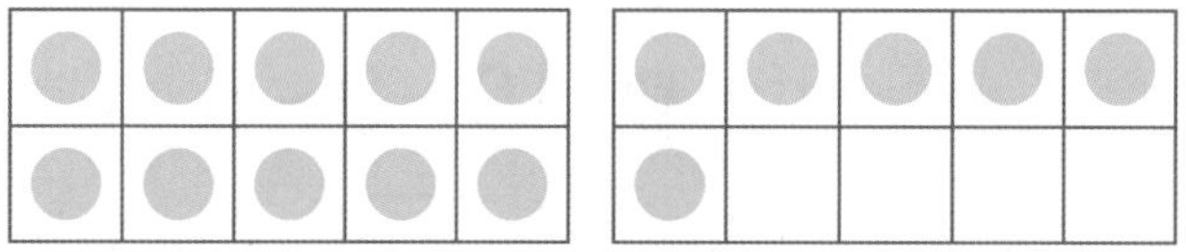

16 - 8 - 6 = □

❾ 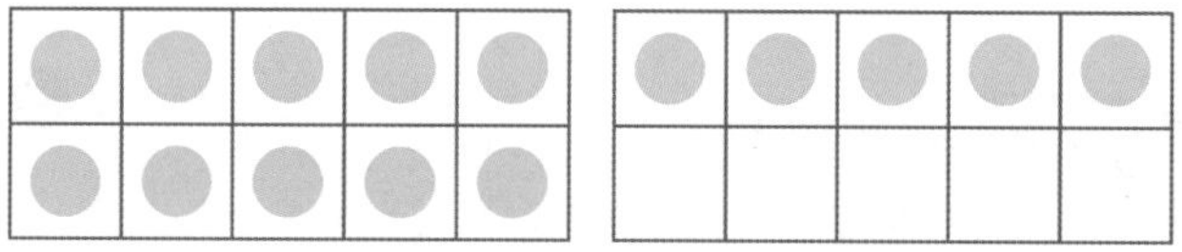

15 - 7 - 5 = □

❿ 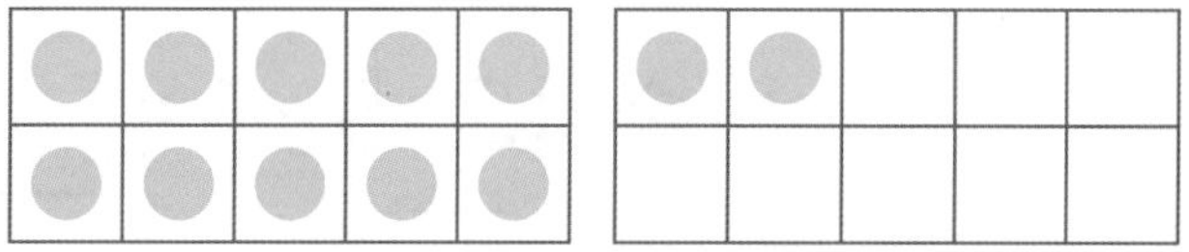

12 - 9 - 2 = □

⓫ 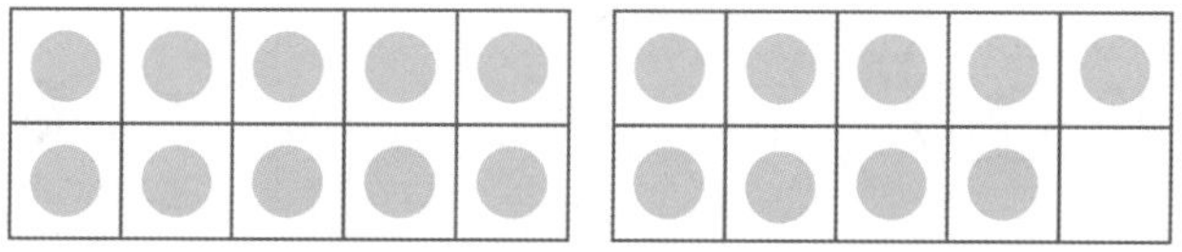

19 - 4 - 9 = □

⓬ 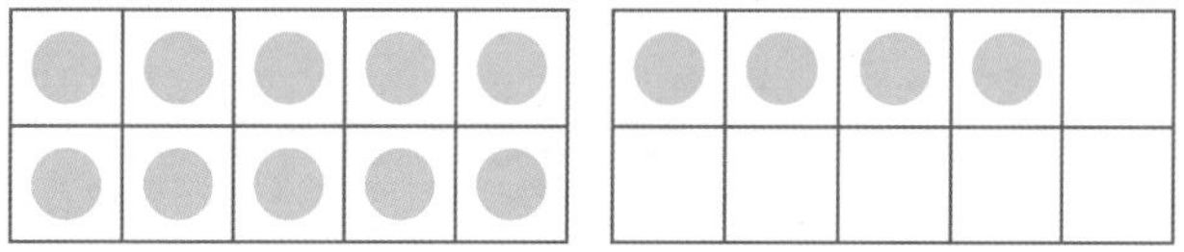

14 - 6 - 4 = □

두 수를 뺄 때, 순서를 바꾸어 빼도 되는구나!

공부 끝!

맞힌 개수 /12개

부모님 확인

오늘의 숫자 **14**에 색칠하세요.

Day 19

두 수의 차로 10을 만든 후 10에서 남은 수를 빼면 돼.

일의 자리의 숫자가 같을 때,

12 - 2 - 6 = 4

→ 10 - 6 = 4

차가 10이 돼.

❶ 11 - 1 - 5 = □

→ □ - 5 = □

❷ 14 - 4 - 1 = □

→ □ - 1 = □

❸ 12 - 2 - 5 = □

→ □ - 5 = □

❹ 19 - 9 - 3 = □

→ □ - 3 = □

❺ 17 - 7 - 8 = □

→ □ - 8 = □

❻ 15 - 5 - 3 = □

→ □ - 3 = □

❼ 18 - 8 - 2 = □

→ □ - 2 = □

❽ 16 - 6 - 7 = □

→ □ - 7 = □

❾ 13 - 3 - 4 = □

→ □ - 4 = □

빼는 두 수의 순서를 바꾸어도 돼.

⑩ 13 - 4 - 3 = □
→ □ - 4 = □

⑪ 15 - 8 - 5 = □
→ □ - 8 = □

⑫ 11 - 6 - 1 = □
→ □ - 6 = □

⑬ 19 - 1 - 9 = □
→ □ - 1 = □

⑭ 16 - 9 - 6 = □
→ □ - 9 = □

⑮ 13 - 9 - 3 = □
→ □ - 9 = □

⑯ 16 - 2 - 6 = □
→ □ - 2 = □

⑰ 18 - 3 - 8 = □
→ □ - 3 = □

⑱ 17 - 5 - 7 = □
→ □ - 5 = □

⑲ 14 - 2 - 4 = □
→ □ - 2 = □

⑳ 14 - 7 - 4 = □
→ □ - 7 = □

공부 끝!

맞힌 개수

/20개

부모님 확인

오늘의 숫자 **52**에 색칠하세요.

Day 20

차가 10이 되는 두 수를 찾아 ○로 표시한 후, 두 수씩 빼 봐.

❶ (12) - (2) - 7 =
10 3

❷ (11) - 8 - (1)

❸ 15 - 4 - 5

❹ 13 - 7 - 3

❺ 16 - 6 - 4

❻ 14 - 6 - 4

둘 중 어느 수를 택해 15에서 빼면 돼.

❼ 15 - 5 - 5

❽ 19 - 3 - 9

❾ 19 - 2 - 9

❿ 14 - 5 - 4

⓫ 17 - 7 - 6

⓬ 16 - 4 - 6

⓭ 11 - 1 - 8

⓮ 12 - 5 - 2

⓯ 18 - 8 - 3

⓰ 12 - 9 - 2

⓱ 13 - 3 - 2

⓲ 15 - 5 - 2

19. 12 - 2 - 8

20. 16 - 6 - 7

21. 16 - 7 - 6

22. 13 - 3 - 6

23. 13 - 1 - 3

24. 15 - 5 - 9

25. 12 - 7 - 2

26. 11 - 2 - 1

27. 14 - 4 - 2

28. 11 - 4 - 1

29. 18 - 8 - 8

30. 19 - 9 - 1

31. 17 - 7 - 4

32. 19 - 7 - 9

33. 16 - 1 - 6

34. 17 - 8 - 7

35. 18 - 7 - 8

36. 13 - 3 - 8

37. 14 - 9 - 4

공부 끝!

맞힌 개수 /37개

부모님 확인

오늘의 숫자 **82**에 색칠하세요.

Day 21

10이 되는 뺄셈을 먼저 하고, 남은 수를 빼 보자.

❶ 14 - 8 - 4

8 - 4를 먼저 계산하면 안 돼!

❷ 12 - 6 - 2

❸ 15 - 5 - 4

❹ 12 - 6 - 2

❺ 15 - 9 - 5

❻ 17 - 1 - 7

❼ 16 - 5 - 6

❽ 13 - 2 - 3

❾ 11 - 1 - 3

❿ 18 - 8 - 4

⓫ 16 - 6 - 2

⓬ 17 - 7 - 8

⓭ 18 - 1 - 8

⓮ 13 - 3 - 5

⓯ 12 - 2 - 4

⓰ 13 - 6 - 3

⓱ 11 - 9 - 1

⓲ 19 - 6 - 9

⓳ 14 - 4 - 7

⑳ 18 - 9 - 8

㉑ 15 - 5 - 7

㉒ 13 - 3 - 4

㉓ 19 - 5 - 9

㉔ 16 - 8 - 6

㉕ 19 - 9 - 4

㉖ 17 - 7 - 5

㉗ 18 - 8 - 6

㉘ 14 - 4 - 4

㉙ 11 - 1 - 7

㉚ 15 - 6 - 5

㉛ 19 - 9 - 8

㉜ 16 - 6 - 9

㉝ 13 - 8 - 3

㉞ 11 - 5 - 1

㉟ 17 - 9 - 7

㊱ 17 - 3 - 7

㊲ 15 - 1 - 5

㊳ 16 - 6 - 6

공부 끝!

맞힌 개수

/38개

부모님 확인

오늘의 숫자 **76**에 색칠하세요.

연산 놀이터

알맞은 그림을 그리고 빈칸을 채워 만화를 완성해 볼까?

부모님 확인

06

받아내림이 있는 (십몇)-(몇)

이번에는 무엇을 배울까?

두 수의 차가 10인 세 수의 뺄셈

받아내림이 있는 (십몇)-(몇)

덧셈과 뺄셈의 관계

이렇게 지도해요!

❶ 먼저 설명해 주세요.

앞에서 배운 수 가르기를 이용하여 십몇의 뺄셈 개념을 그림과 말로 풀어내었습니다. 아이와 함께 읽어 보면서 10을 이용하여 빼는 과정을 경험하고 받아내림의 원리를 생각해 봅니다.

❷ 수를 이해하며 계산해요.

설명과 이어지는 그림을 이용하여 Day22에서 재미있게 문제를 풉니다.

❸ 충분히 연습해요.

Day23 ~ Day26의 문제 풀이를 통해 수를 이해하는 힘을 기르고, 받아내림이 있는 두 자리 수 뺄셈의 기초를 다집니다.

스스로 계획을 세워요!

	공부할 날짜	목표 시간	복습할 날짜
Day 22/46	월 / 일	분 / 10개	월 / 일
Day 23/46	월 / 일	분 / 14개	월 / 일
Day 24/46	월 / 일	분 / 30개	월 / 일
Day 25/46	월 / 일	분 / 38개	월 / 일
Day 26/46	월 / 일	분 / 38개	월 / 일

선생님의 칠판

13-8을 계산하는 방법은 두 가지야!

10을 만들기 위해 3을 먼저 빼고.

남은 5를 마저 빼줘야 해.

$$13 - 8$$

$$13 - 3 - 5 = 5$$

10

5

빼는 수 8을 3과 5로 가르기해서 빼는 것과 같아.

앞의 수 13을 가르기해도 돼.

$$13 - 8 = 5$$

$$3 + 10 - 8 = 5$$

2

5

Day 22

낱개의 ●를 먼저 지우고,
부족한 만큼 10개에서
더 지워 봐.

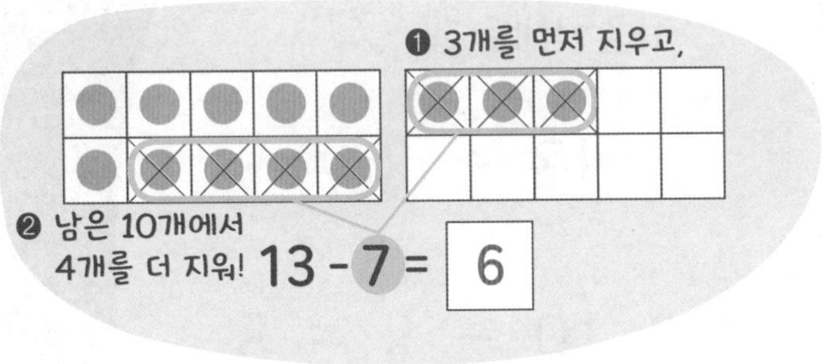

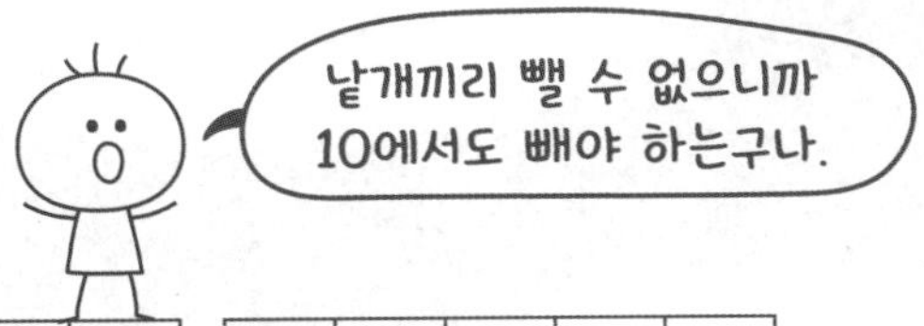

❶

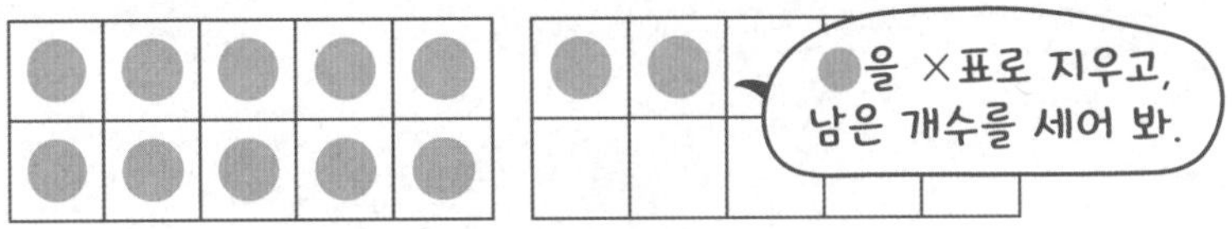

$12 - 4 = \square$

❷

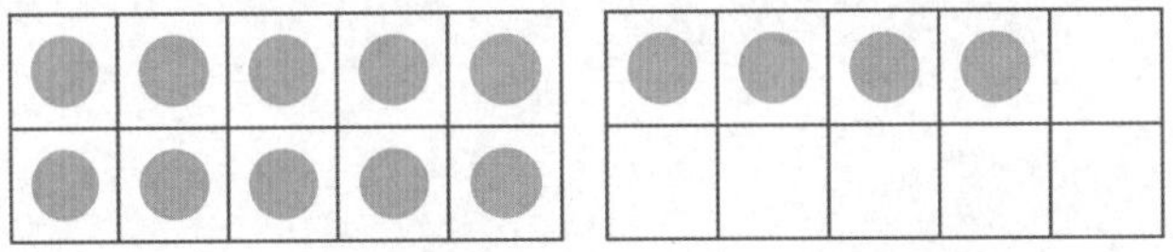

$14 - 5 = \square$

❸

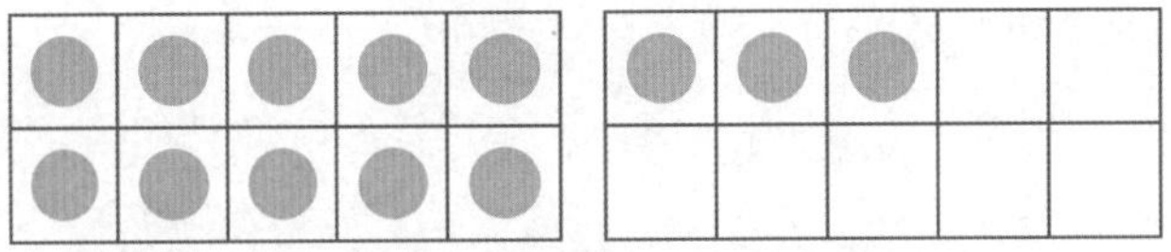

$13 - 6 = \square$

❹

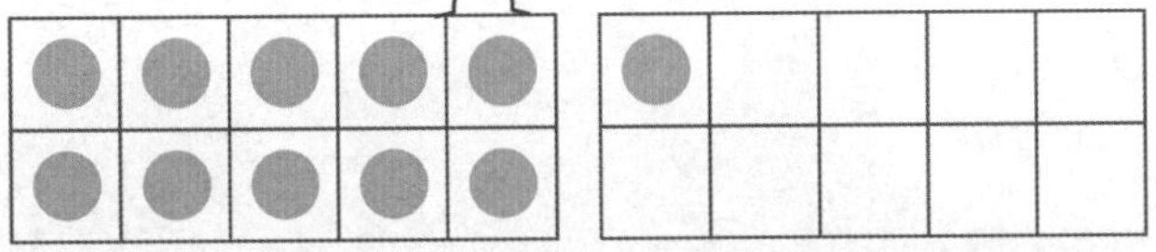

$11 - 9 = \square$

❺

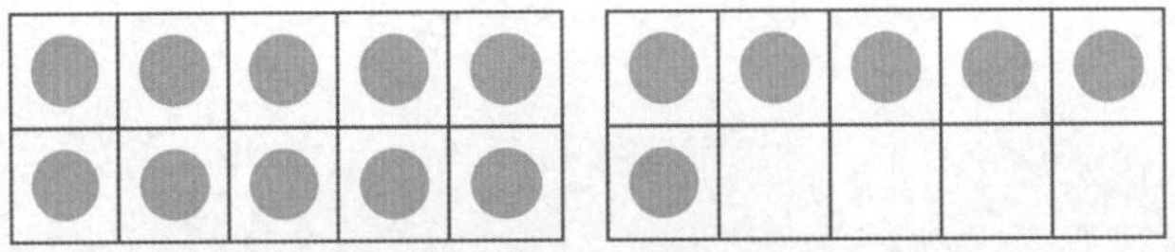

$16 - 7 = \square$

10개에서 모두 지우고, 남은 ●의 개수를 모두 더해 봐.

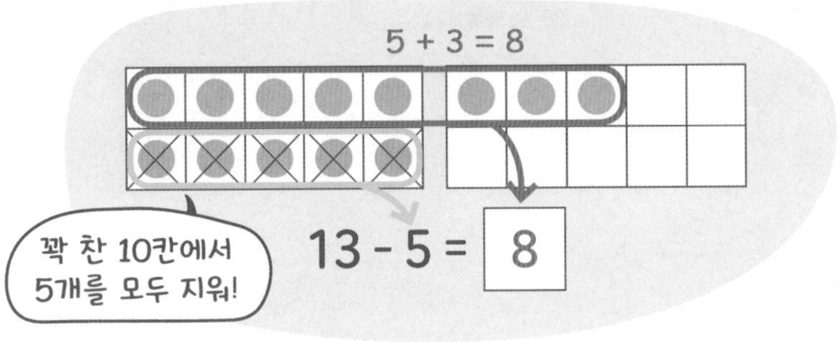

×표로 지워 봐.

❻
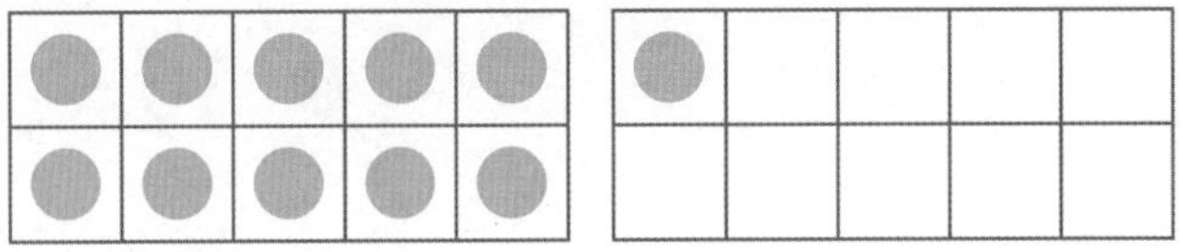

11 - 3 = □

❼
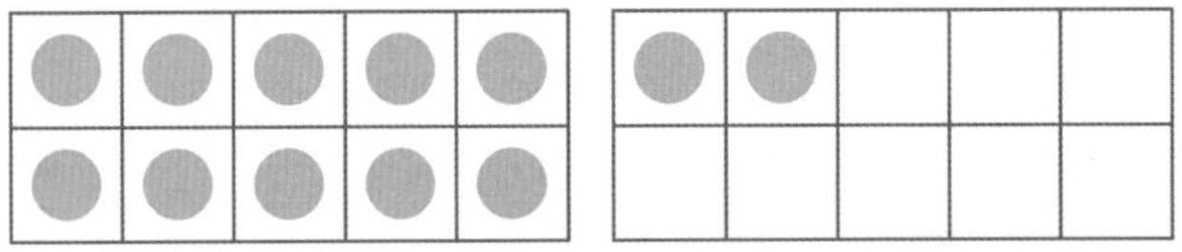

12 - 9 = □

❽
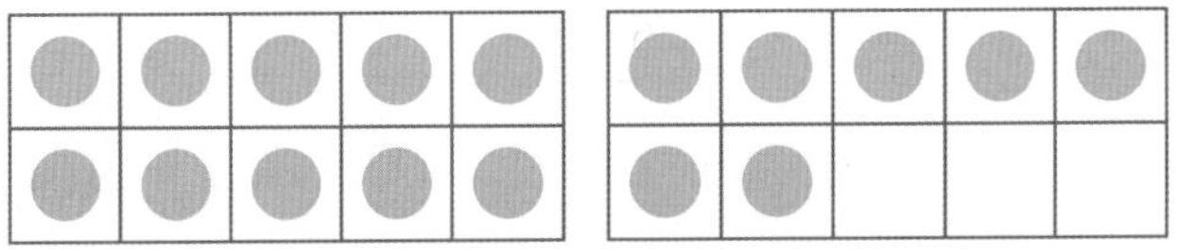

17 - 8 = □

❾
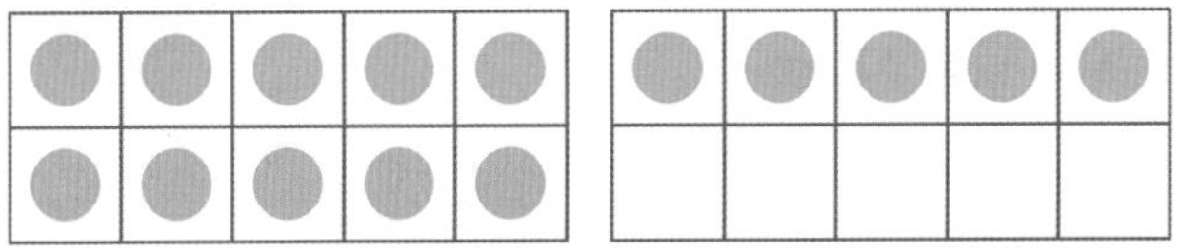

15 - 6 = □

❿
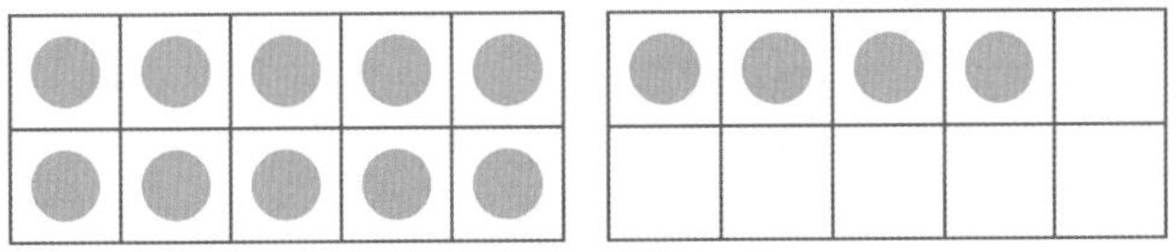

14 - 7 = □

공부 끝!

맞힌 개수 /10개

부모님 확인

오늘의 숫자 33에 색칠하세요.

Day 23

뒤의 수를 가르기하여 앞의 수를 10으로 만들고 남은 수를 빼.

14에서 뺄 수 있는 낱개는 4이니까

6을 4와 2로 가르고

14 - 6 = 8

14 - 4 - 2 = 8

10

10에서 남은 2를 빼.

❶ 16 - 8 = □

16 - □ - □ = □

❷ 12 - 5 = □

12 - □ - □ = □

❸ 11 - 4 = □

11 - □ - □ = □

❹ 13 - 8 = □

13 - □ - □ = □

❺ 15 - 9 = □

15 - □ - □ = □

❻ 13 - 9 = □

13 - □ - □ = □

❼ 17 - 8 = □

17 - □ - □ = □

앞의 수를 가르기하여 10에서 빼고 다시 더해.

14 - 8 = 6

10 - 8 + 4 = 6

2 + 4 = 6

❽ 12 - 3 = □

□ - 3 + 2 = □

10에서 3을 한번에 다 빼고 남은 수는 더해.

❾ 13 - 5 = □

□ - 5 + 3 = □

❿ 13 - 6 = □

□ - 6 + 3 = □

⓫ 11 - 8 = □

10 - 8 + □ = □

⓬ 16 - 9 = □

10 - 9 + □ = □

⓭ 15 - 7 = □

10 - 7 + □ = □

⓮ 18 - 9 = □

10 - 9 + □ = □

공부 끝!

맞힌 개수

/14개

부모님 확인

오늘의 숫자 **37**에 색칠하세요.

Day 24

빼서 10이 되거나 10에서 뺄 수 있도록 수를 가르면 돼.

❶ 12 - 6 = □

12 - □ - □ = □

❷ 16 - 9 = □

16 - □ - □ = □

❸ 12 - 3 = □

12 - □ - □ = □

❹ 16 - 8 = □

16 - □ - □ = □

❺ 13 - 5 = □

13 - □ - □ = □

❻ 11 - 7 = □

10 - 7 + □ = □

❼ 12 - 5 = □

10 - 5 + □ = □

❽ 16 - 7 = □

10 - 7 + □ = □

❾ 13 - 8 = □

10 - 8 + □ = □

❿ 11 - 3 = □

10 - 3 + □ = □

⓫ 14 - 7 = □

10 - 7 + □ = □

⑫ 12 - 4

2 2

⑬ 12 - 8

2 10

⑭ 14 - 8

⑮ 12 - 7

⑯ 11 - 9

⑰ 11 - 2

⑱ 17 - 8

⑲ 11 - 5

⑳ 13 - 6

㉑ 13 - 7

㉒ 15 - 7

㉓ 13 - 9

㉔ 14 - 5

㉕ 12 - 9

㉖ 18 - 9

㉗ 15 - 8

㉘ 15 - 9

㉙ 13 - 4

㉚ 11 - 8

공부 끝!

맞힌 개수 /30개

부모님 확인

오늘의 숫자 **56**에 색칠하세요.

월 일 /7 분

Day 25

10과 가르기를 이용해서 계산해 봐.

❶ 14 - 8

❷ 15 - 8

❸ 18 - 9

❹ 14 - 5

❺ 15 - 9

❻ 13 - 8

❼ 17 - 9

❽ 12 - 8

❾ 11 - 9

❿ 16 - 9

⓫ 14 - 8

⓬ 13 - 5

⓭ 12 - 4

⓮ 11 - 3

⓯ 12 - 5

⓰ 15 - 6

⓱ 13 - 9

⓲ 14 - 7

⓳ 13 - 6

⑳ 16 - 9

㉑ 11 - 4

㉒ 12 - 3

㉓ 13 - 4

㉔ 14 - 6

㉕ 12 - 6

㉖ 11 - 2

㉗ 17 - 8

㉘ 11 - 5

㉙ 15 - 7

㉚ 13 - 6

㉛ 12 - 4

㉜ 12 - 7

㉝ 18 - 9

㉞ 11 - 8

㉟ 16 - 7

㊱ 11 - 7

㊲ 11 - 6

㊳ 12 - 9

공부 끝!

맞힌 개수 /38개

부모님 확인

오늘의 숫자 **22**에 색칠하세요.

월 일 /7 분

Day 26

낱개끼리 뺄 수 없으니까
10을 이용해야 해.

❶ 16 - 9

❷ 13 - 4

❸ 11 - 9

❹ 12 - 7

❺ 11 - 6

❻ 14 - 8

❼ 16 - 7

❽ 13 - 6

❾ 17 - 8

❿ 15 - 6

⓫ 13 - 8

⓬ 14 - 5

⓭ 18 - 9

⓮ 17 - 9

⓯ 14 - 6

⓰ 15 - 8

⓱ 12 - 6

⓲ 11 - 7

⓳ 15 - 9

⑳ 12 - 3

㉑ 11 - 2

㉒ 13 - 7

㉓ 12 - 4

㉔ 13 - 9

㉕ 12 - 8

㉖ 18 - 9

㉗ 11 - 8

㉘ 11 - 5

㉙ 14 - 9

㉚ 13 - 8

㉛ 12 - 9

㉜ 14 - 7

㉝ 15 - 7

㉞ 12 - 5

㉟ 16 - 7

㊱ 13 - 5

㊲ 16 - 8

㊳ 11 - 4

공부 끝!

맞힌 개수 /38개

부모님 확인

오늘의 숫자 **2**에 색칠하세요.

연산 놀이터

아래 두 수의 차가 윗칸의 수가 되도록 모래성을 완성해 볼까?

부모님 확인

07

덧셈과 뺄셈의 관계

이번에는 무엇을 배울까?

받아내림이 있는 (십몇) - (몇)

덧셈과 뺄셈의 관계

받아올림이 있는 (몇십몇) + (몇)

이렇게 지도해요!

❶ 먼저 설명해 주세요.

그림과 말로 풀어낸 덧셈과 뺄셈의 관계를 아이와 함께 따라 읽어 보면서, 덧셈과 뺄셈이 서로 반대되는 셈임을 이해합니다.

❷ 수를 이해하며 계산해요.

설명과 이어지는 그림을 이용하여 Day27에서 재미있게 문제를 풉니다.

❸ 충분히 연습해요.

Day28 ~ Day30의 문제 풀이를 통해 수를 이해하는 힘을 기르고, □의 값 구하기(방정식)의 기초를 다집니다.

스스로 계획을 세워요!

	공부할 날짜	목표 시간	복습할 날짜
Day 27 (27/46)	월 / 일	분 / 10개	월 / 일
Day 28 (28/46)	월 / 일	분 / 10개	월 / 일
Day 29 (29/46)	월 / 일	분 / 15개	월 / 일
Day 30 (30/46)	월 / 일	분 / 10개	월 / 일

선생님의 칠판

덧셈식과 뺄셈식 사이의 관계를 알아볼까?

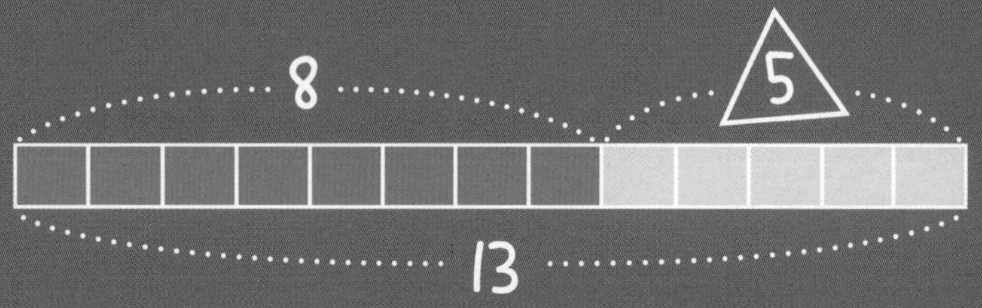

$13 - 8 = 5$

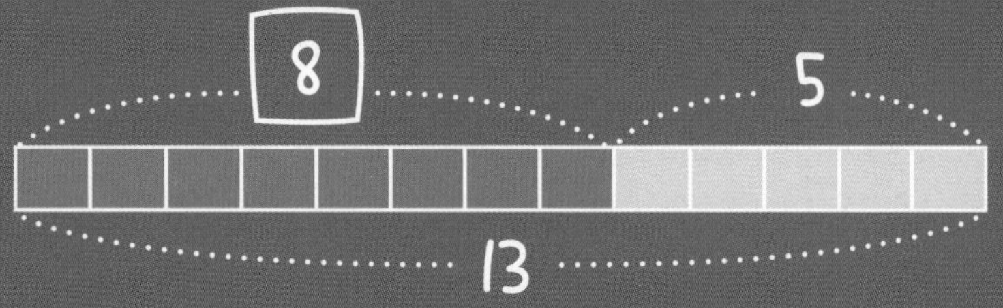

$13 - 5 = 8$

가장 큰 수에서
한 수를 빼면
남은 한 수가 돼.

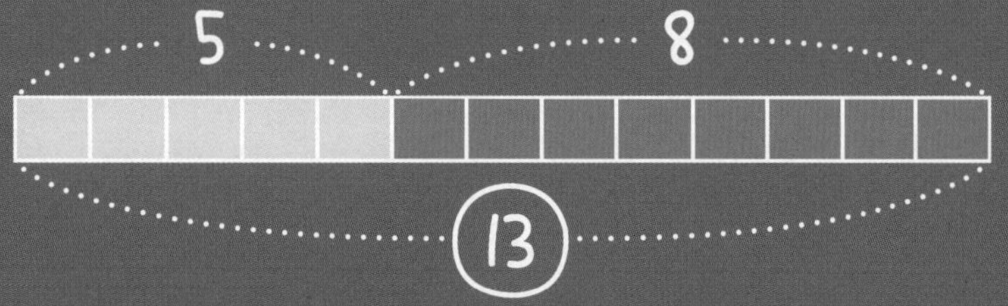

$5 + 8 = 13$

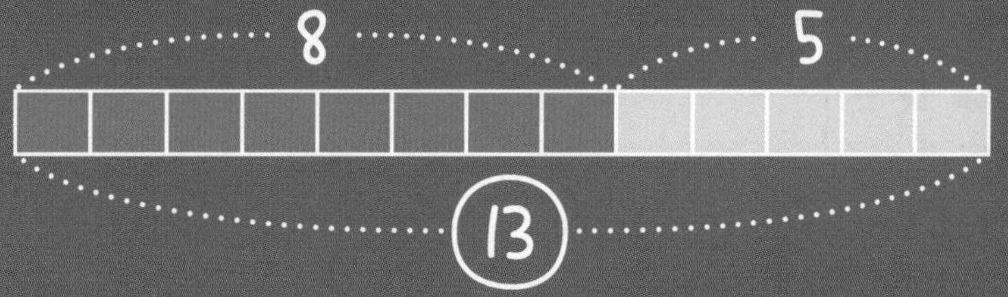

$8 + 5 = 13$

작은 두 수끼리 더하면
가장 큰 수가 돼.

Day 27

전체 구슬 수는 덧셈으로, 손 안과 밖의 구슬 수는 뺄셈으로 구해.

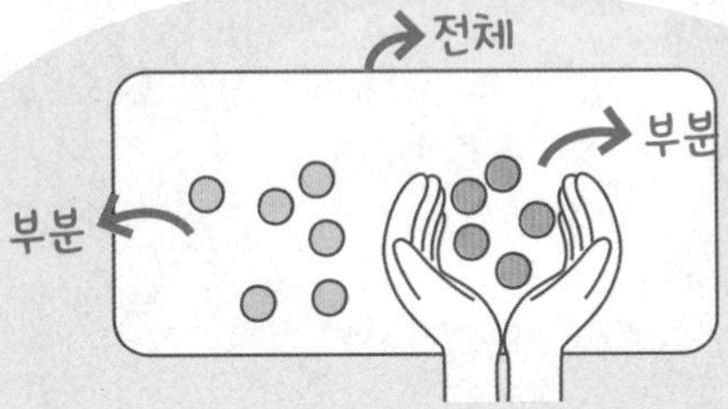

덧셈식을 6+5= 11 → 11−5= 6

○의 수를 구하는 뺄셈식으로 바꿀 수 있어.

❶

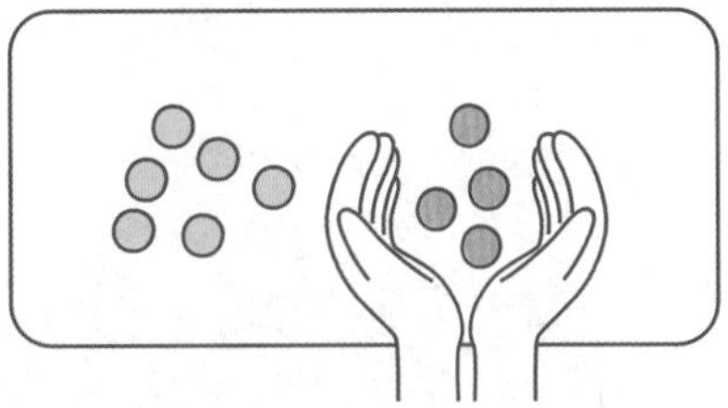

6 + 4 = □

→ 10 - 6 = □

❷

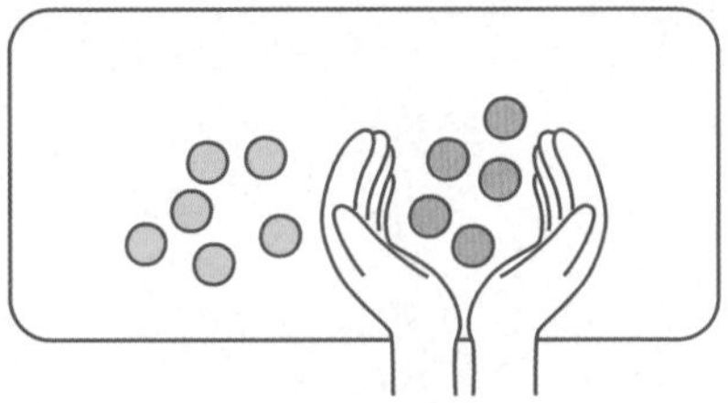

6 + 5 = □

→ 11 - □ = 5

❸

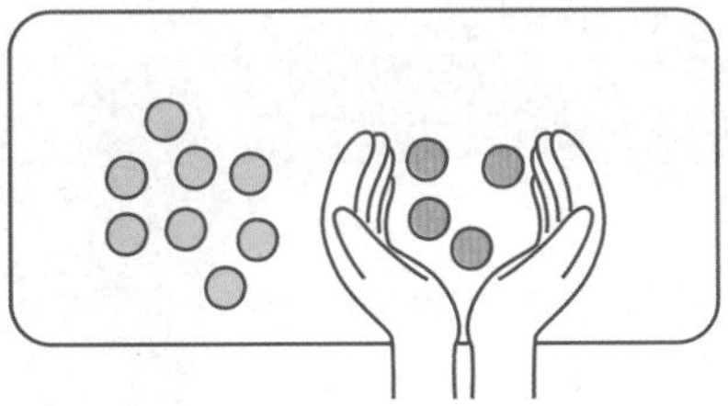

8 + □ = □

→ □ - 8 = □

❹

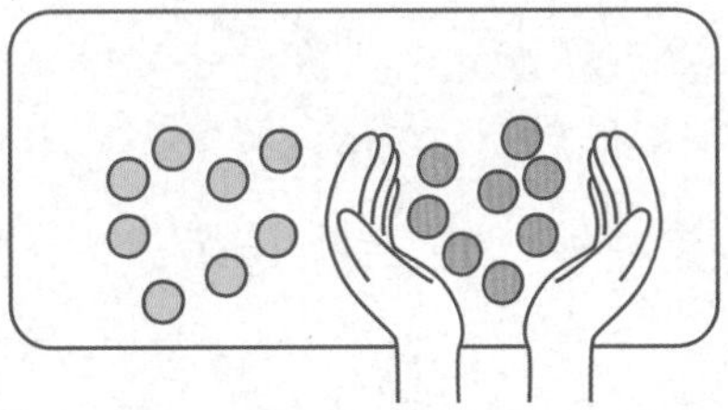

□ + 8 = □

→ □ - □ = 8

❺

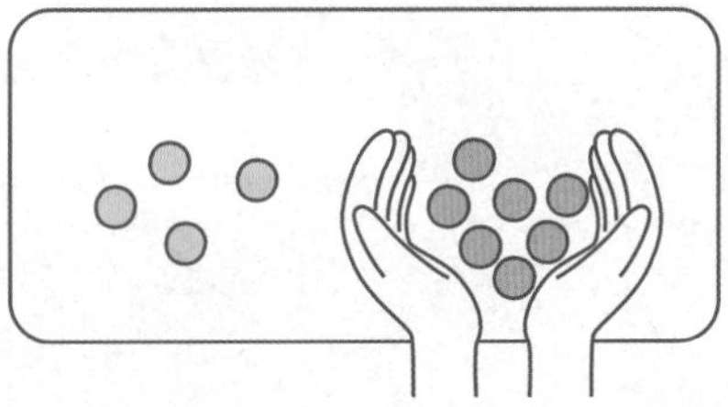

□ + 7 = □

→ □ - □ = 7

❻

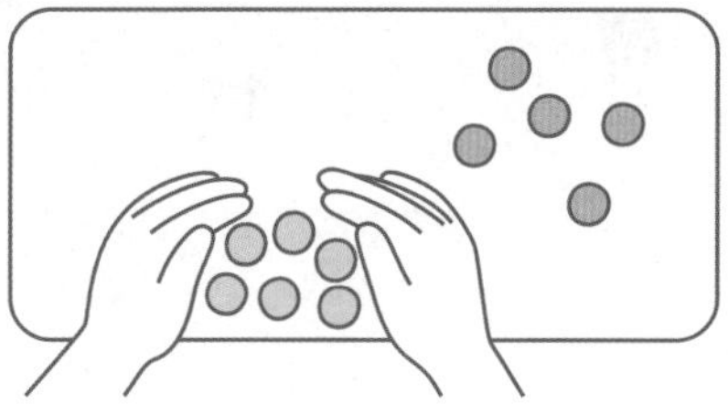

11 - 6 = □

(●의 수를 구하는 뺄셈식으로)

→ 6 + 5 = □

(전체 구슬 수를 구하는 덧셈식을 만들 수 있어.)

❼

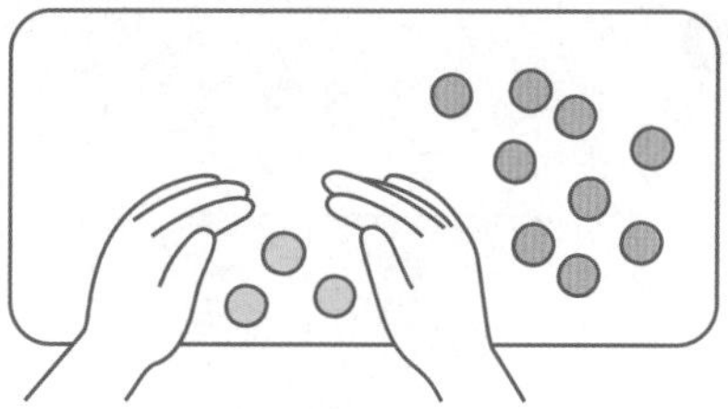

12 - 3 = □

→ 3 + 9 = □

❽

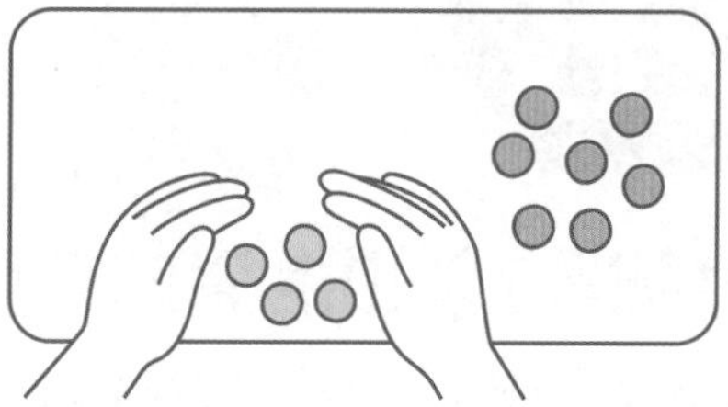

11 - □ = 7

→ 4 + 7 = □

(전체에서 한 부분을 빼면, 또 다른 부분이 되는구나!)

❾

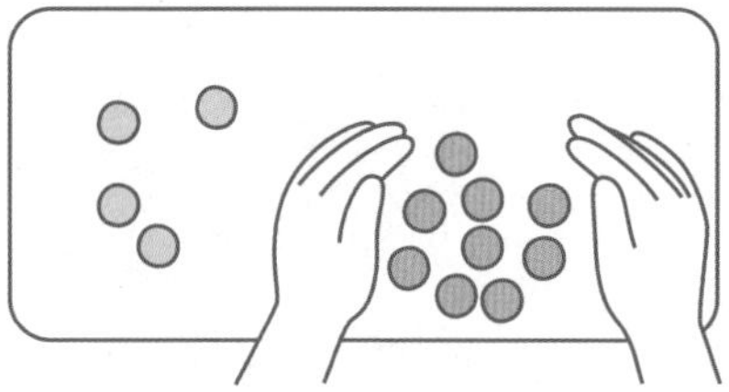

13 - 9 = □

→ □ + 9 = □

❿

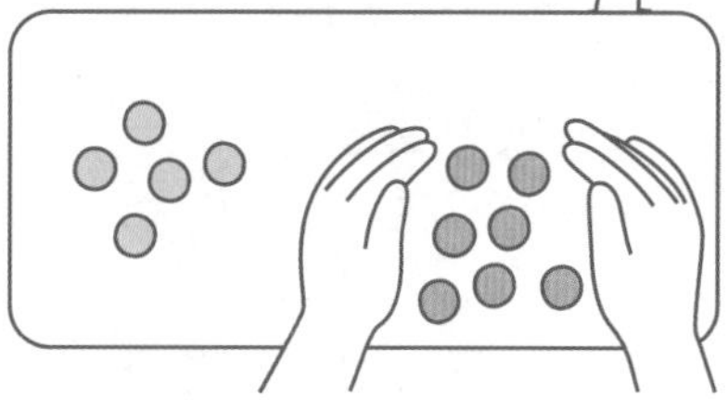

12 - 7 = □

→ 5 + □ = □

공부 끝!

맞힌 개수 /10개

부모님 확인

오늘의 숫자 **38**에 색칠하세요.

Day 28

전체를 구할 때는 덧셈으로,
부분을 구할 때는 뺄셈으로!

12
8 | 4

8 + 4 = 12
12 - 8 = 4
12 - 4 = 8

❶

12
5 | 7

5 + 7 = 12

□ - □ = 7
□ - □ = 5

❷

15
9 | 6

9 + 6 = 15

□ - □ = □
□ - □ = □

서로 다른 두 뺄셈식을 만들어야 해.

❸

16
9 | 7

9 + 7 = 16

□ - □ = □
□ - □ = □

❹

13
7 | 6

7 + 6 = 13

□ - □ = □
□ - □ = □

❺

11
6 | 5

6 + 5 = 11

□ - □ = □
□ - □ = □

❻ 14 / 6, 8

14 - 6 = 8

6 + □ = □

8 + □ = □

서로 다른 두 덧셈식을 만들어야 해.

❼ 17 / 8, 9

17 - 8 = 9

□ + □ = □

□ + □ = □

❽ 10 / 2, 8

10 - 2 = 8

□ + □ = □

□ + □ = □

❾ 15 / 9, 6

15 - 6 = 9

□ + □ = □

□ + □ = □

❿ 11 / 4, 7

11 - 7 = 4

□ + □ = □

□ + □ = □

두 수를 바꾸어 더해도 합은 같아.

공부 끝!

맞힌 개수 /10개

부모님 확인

오늘의 숫자 **48**에 색칠하세요.

Day 29

하나의 덧셈식으로 2개의 뺄셈식을 만들 수 있어.

두 수의 합에서

❶ 8 + 2 = □

□ - 8 = □

□ - 2 = □

한 수를 빼고, 남은 한 수를 써.

❷ 6 + 7 = □

□ - 6 = □

□ - 7 = □

❸ 9 + 5 = □

□ - □ = 5

□ - □ = 9

❹ 4 + 8 = □

□ - □ = 8

□ - □ = 4

❺ 7 + 9 = □

16 - □ = □

16 - □ = □

❻ 3 + 8 = □

11 - □ = □

11 - □ = □

같은 수의 덧셈식은

❼ 8 + 8 = □

□ - 8 = □

한 개의 뺄셈식만 만들 수 있어.

❽ 6 + 6 = □

12 - □ = □

하나의 뺄셈식으로 2개의 덧셈식을 만들 수 있어.

❾ 10 - 3 = □

□ + 3 = □

□ + 7 = □

❿ 14 - 6 = □

6 + □ = □

8 + □ = □

⓫ 17 - 9 = □

9 + □ = □

8 + □ = □

⓬ 13 - 5 = □

□ + □ = 13

□ + □ = 13

⓭ 12 - 7 = □

□ + □ = □

□ + □ = □

⓮ 14 - 7 = □

□ + □ = 14

⓯ 18 - 9 = □

9 + □ = □

공부 끝!

맞힌 개수

/15개

부모님 확인

오늘의 숫자 **67**에 색칠하세요.

월 일 /8 분

Day 30

세 수로 2개의 덧셈식과 2개의 뺄셈식을 만들어 봐.

❶

지붕: 7, 9, 16

___ + 9 = ___

___ + ___ = ___

___ - 9 = ___

___ - ___ = 9

가장 큰 수를 먼저 찾고, 남은 두 수로 덧셈식을 만들어.

❷

지붕: 5, 12, 7

5 + ___ = ___

___ + ___ = ___

___ - ___ = ___

___ - ___ = ___

❸

이 집에 살고 있는 가족은 지붕에 있는 세 수뿐이야~

지붕: 15, 7, 8

7 + ___ = ___

___ + ___ = ___

___ - 7 = ___

___ - ___ = ___

❹

지붕: 6, 8, 14

___ + 6 = ___

___ + ___ = ___

___ - ___ = ___

___ - ___ = ___

❺

지붕: 13, 4, 9

9 + ___ = ___

___ + ___ = ___

___ - ___ = ___

___ - ___ = ___

❻

4, 10, 6

___ - 4 = ___

___ - ___ = ___

___ + 6 = ___

___ + ___ = ___

❼

9, 17, 8

___ - 9 = ___

___ - ___ = ___

9 + ___ = ___

___ + ___ = ___

❽

11, 5, 6

___ - 5 = ___

___ - ___ = ___

___ + 6 = ___

___ + ___ = ___

❾

8, 4, 12

___ - ___ = 8

___ - ___ = ___

___ + ___ = ___

___ + ___ = ___

❿

13, 5, 8

___ - ___ = 5

___ - ___ = ___

___ + ___ = ___

___ + ___ = ___

공부 끝!

맞힌 개수 /10개

부모님 확인

오늘의 숫자 **65**에 색칠하세요.

연산 놀이터

아기돼지가 튼튼한 집을 지을 수 있도록 지붕에 있는 숫자로 벽돌을 채워 봐.

부모님 확인

08

받아올림이 있는 (몇십몇)+(몇)

이번에는 무엇을 배울까?

덧셈과 뺄셈의 관계

받아올림이 있는 (몇십몇)+(몇)

받아내림이 있는 (몇십몇)-(몇)

이렇게 지도해요!

❶ 먼저 설명해 주세요.

일의 자리에서 받아올림이 있는 덧셈 설명을 그림과 말로 풀어내었습니다. 직접 일모형 10개를 십모형 1개로 바꿔 보며 받아올림이 있는 덧셈의 계산 원리를 이해합니다.

❷ 수를 이해하며 계산해요.

설명과 이어지는 그림을 이용하여 Day31에서 재미있게 문제를 풉니다.

❸ 충분히 연습해요.

Day32 ~ Day36의 문제 풀이를 통해 수를 이해하는 힘을 기르고, (두 자리 수) + (두 자리 수)의 기초를 다집니다.

스스로 계획을 세워요!

	공부할 날짜	목표 시간	복습할 날짜
Day 31/46	월 / 일	분 / 9개	월 / 일
Day 32/46	월 / 일	분 / 21개	월 / 일
Day 33/46	월 / 일	분 / 23개	월 / 일
Day 34/46	월 / 일	분 / 16개	월 / 일
Day 35/46	월 / 일	분 / 26개	월 / 일
Day 36/46	월 / 일	분 / 34개	월 / 일

선생님의 칠판

일의 자리 수끼리 더해서 10이 넘으면 십의 자리로 받아올림해 줘.

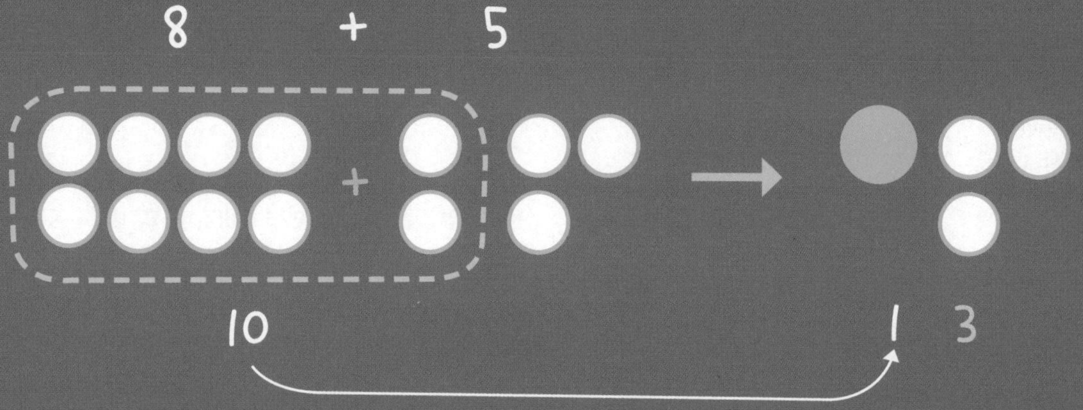

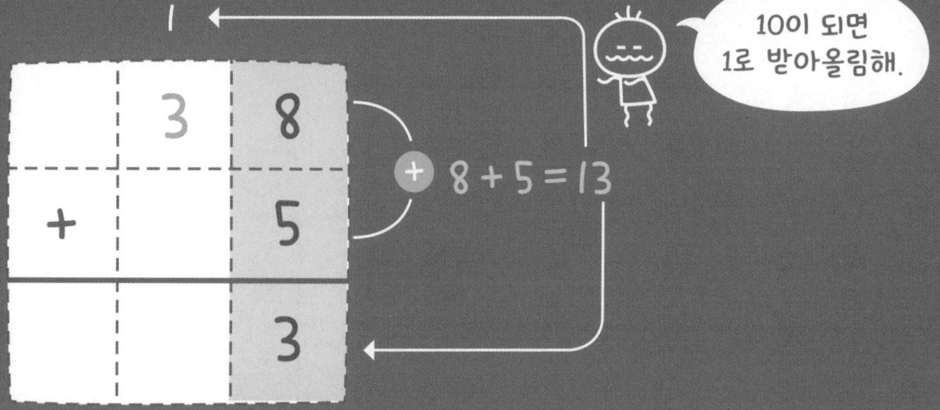

Day 31

일 모형 10개는
십 모형 1개와 같아.

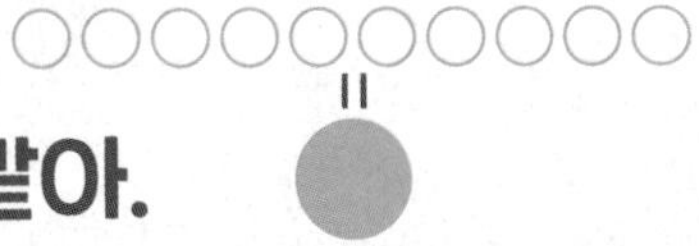

일 모형 10개를 색칠해서
십 모형 1개로 만들자.

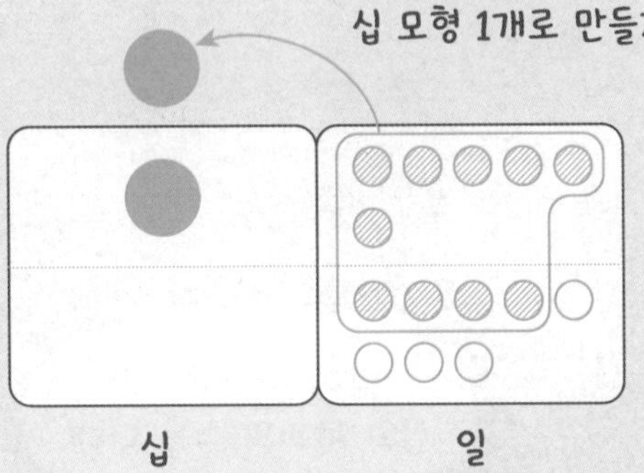

	십	일
	1	
	1	6
+		8
	2	4

받아올림한 십 모형을 그려 봐.

❶

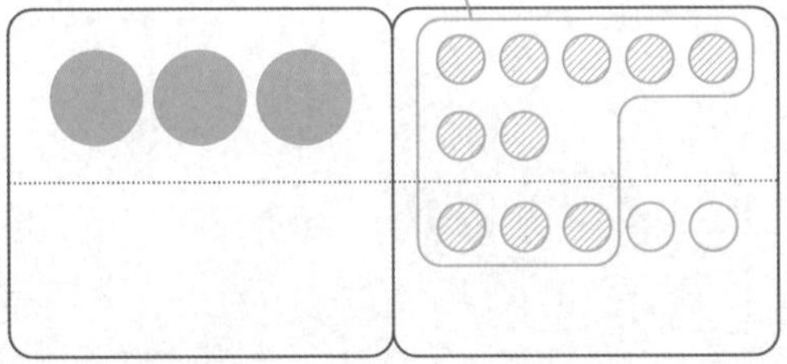

	3	7
+		5

일 모형 10개를 색칠해서
십 모형 1개로 바꿔 봐.

❷

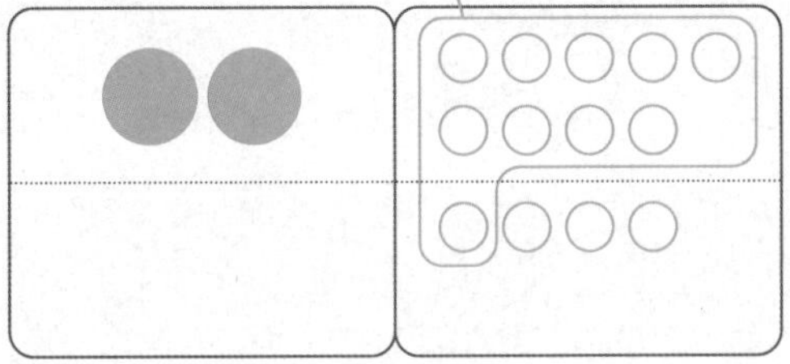

	2	9
+		4

❸

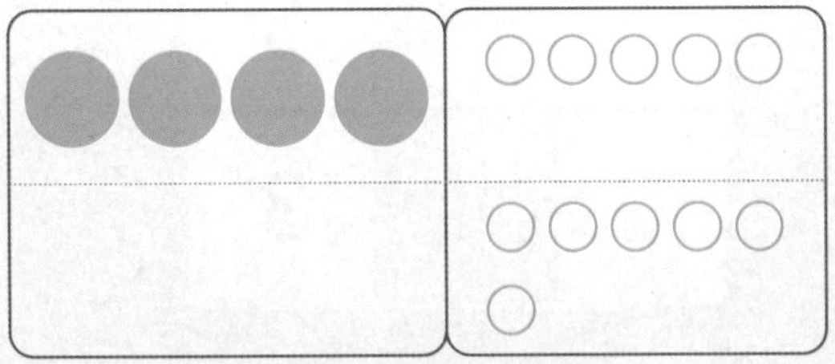

	4	5
+		6

❹

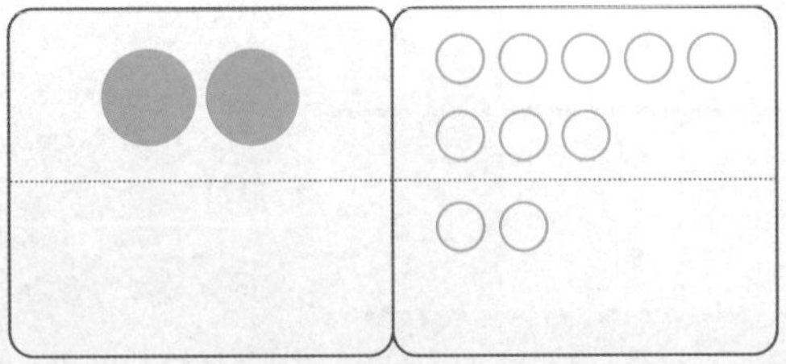

	2	8
+		2

❺ 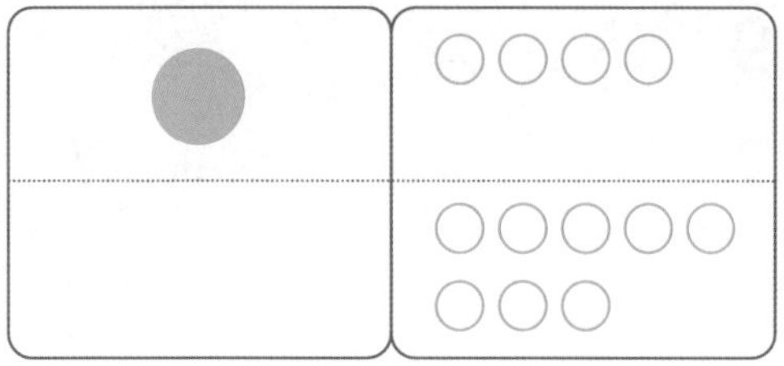

$$\begin{array}{rcc} & 1 & 4 \\ + & & 8 \\ \hline & & \end{array}$$

❻ 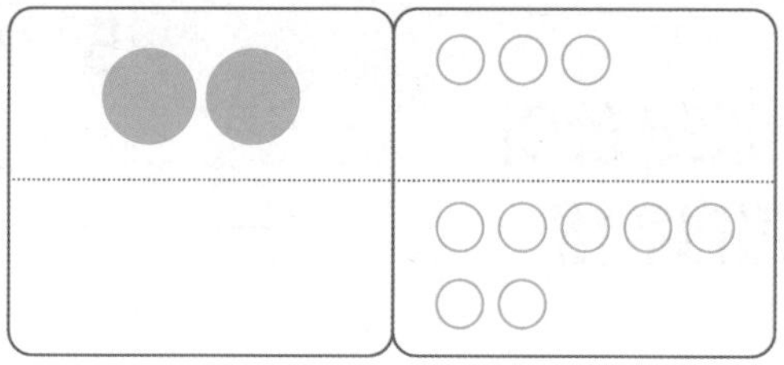

$$\begin{array}{rcc} & 2 & 3 \\ + & & 7 \\ \hline & & \end{array}$$

❼ 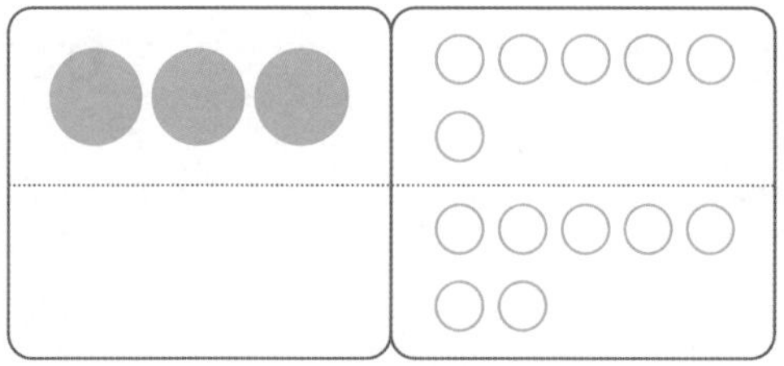

$$\begin{array}{rcc} & 3 & 6 \\ + & & 7 \\ \hline & & \end{array}$$

❽ 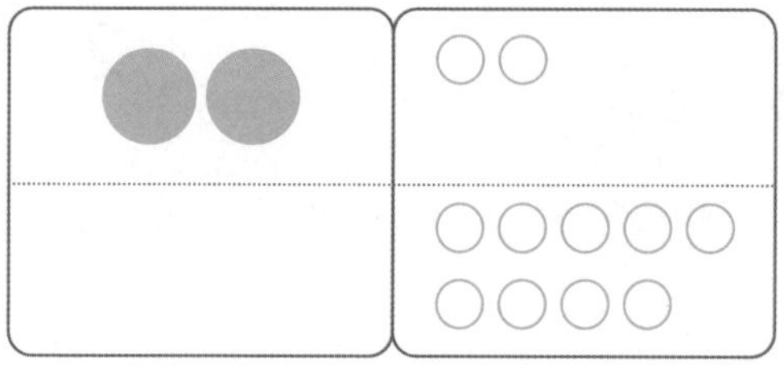

$$\begin{array}{rcc} & 2 & 2 \\ + & & 9 \\ \hline & & \end{array}$$

❾ 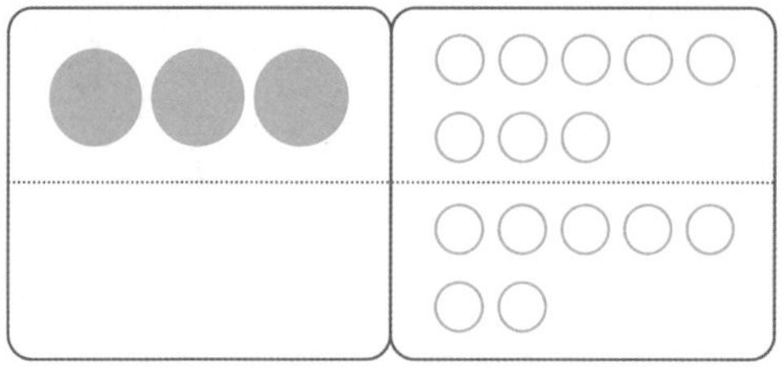

$$\begin{array}{rcc} & 3 & 8 \\ + & & 7 \\ \hline & & \end{array}$$

Day 32

일의 자리 수끼리의 합이 10이면 십의 자리로 1을 받아올림해.

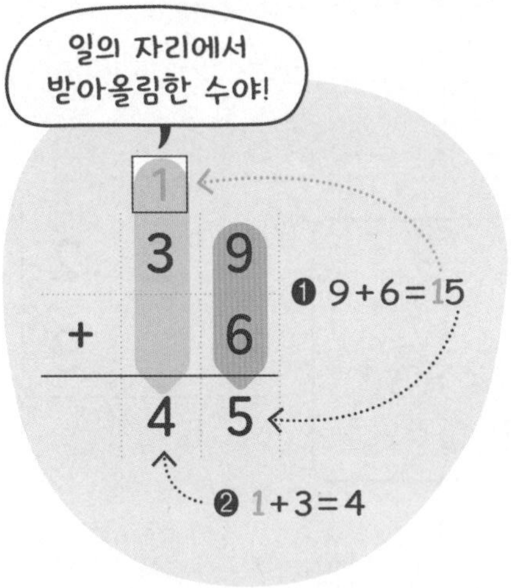

❶ $\square$ $56 + 6$

❷ $\square$ $79 + 7$

❸ $\square$ $8 + 74$

❹ $\square$ $23 + 8$

❺ $\square$ $9 + 32$

❻ $\square$ $68 + 6$

❼ $\square$ $41 + 9$

❽ $\square$ $6 + 67$

❾ $\square$ $87 + 8$

❿ $\square$ $52 + 8$

⑪
□
59
\+ 2

⑫
□
33
\+ 7

⑬
□
43
\+ 9

⑭
□
5
\+ 59

⑮
□
58
\+ 8

⑯
□
7
\+ 34

⑰
□
18
\+ 6

⑱
□
85
\+ 8

⑲
□
86
\+ 5

⑳
□
61
\+ 9

㉑
□
6
\+ 54

공부 끝!

맞힌 개수

/21개

부모님 확인

오늘의 숫자 **73**에 색칠하세요.

월 일 /8 분

Day 33

일의 자리와 십의 자리로 갈라서 더할 수도 있어.

❶ 일의 자리 수끼리 더한 것에

29 + 7 = [16] + [20] = [36]

❷ 십의 자리값을 더해.

62를 60과 2로 갈라 봐.

❶ 62 + 9 = ☐ + ☐ = ☐

60 2 2+9

❷ 39 + 7 = ☐ + ☐ = ☐

❸ 48 + 9 = ☐ + ☐ = ☐

❹ 55 + 6 = ☐ + ☐ = ☐

❺ 67 + 3 = ☐ + ☐ = ☐

❻ 24 + 7 = ☐ + ☐ = ☐

❼ 17 + 8 = ☐ + ☐ = ☐

❽ 57 + 9 = ☐ + ☐ = ☐

❾ 75 + 5 = ☐ + ☐ = ☐

❿ 35 + 5 = ☐ + ☐ = ☐

⓫ 39 + 4 = ☐ + ☐ = ☐

⑫ $25 + 7 = \square + \square = \square$

⑬ $18 + 4 = \square + \square = \square$

⑭ $65 + 8 = \square + \square = \square$

⑮ $47 + 5 = \square + \square = \square$

⑯ $54 + 9 = \square + \square = \square$

⑰ $19 + 2 = \square + \square = \square$

⑱ $31 + 9 = \square + \square = \square$

⑲ $66 + 8 = \square + \square = \square$

⑳ $88 + 7 = \square + \square = \square$

㉑ $37 + 4 = \square + \square = \square$

㉒ $75 + 7 = \square + \square = \square$

㉓ $56 + 9 = \square + \square = \square$

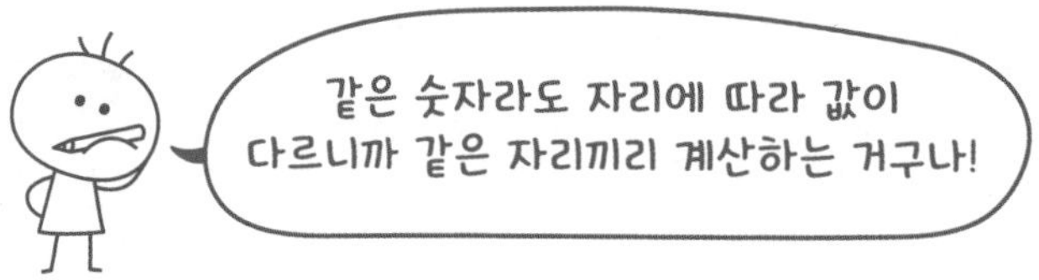

공부 끝!

맞힌 개수 /23개

부모님 확인

오늘의 숫자 **8**에 색칠하세요.

Day 34

받아올림한 수를 십의 자리 위에 작게 적어 두면 가로셈으로도 쉽게 계산할 수 있어.

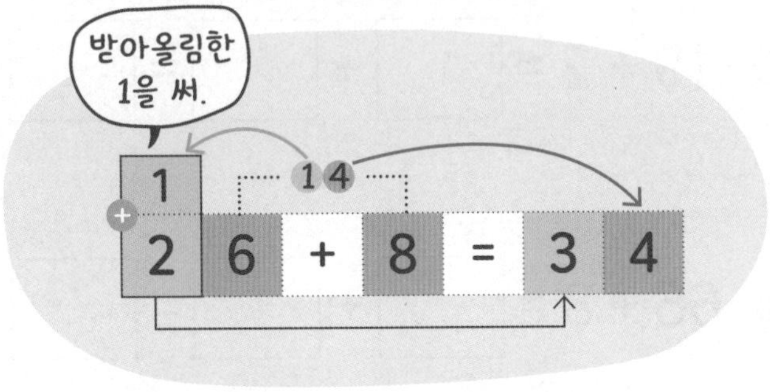

❶ 일의 자리 수끼리 계산해서 받아올림한 수를 적어 봐.

15 + 6 =

❷ 83 + 9 =

❸ 56 + 7 =

❹ 46 + 4 =

❺ 68 + 8 =

❻ 36 + 9 =

❼ 69 + 5 =

⑧ 22 + 8 =

⑨ 36 + 7 =

⑩ 56 + 8 =

⑪ 67 + 8 =

⑫ 78 + 3 =

⑬ 49 + 5 =

⑭ 19 + 8 =

⑮ 89 + 3 =

⑯ 64 + 9 =

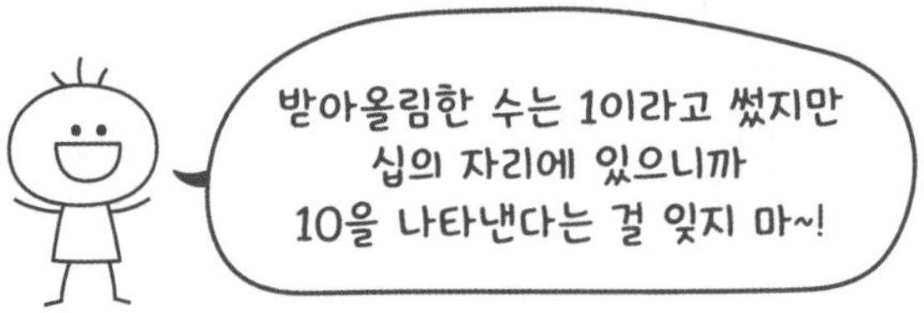

공부 끝!

맞힌 개수

/16개

부모님 확인

오늘의 숫자 **96**에 색칠하세요.

월 일 분 /8

Day 35

받아올림한 1을 십의 자리 위에 작게 적으면 실수를 줄일 수 있어.

칸이 없어도 받아올림한 수를 자리에 맞추어 쓰면 돼.

❶ $\begin{array}{r} {\scriptstyle 1}\\ 38 \\ +\ \ 6 \\ \hline \end{array}$

❷ $\begin{array}{r} 45 \\ +\ \ 9 \\ \hline \end{array}$

❸ $\begin{array}{r} 82 \\ +\ \ 8 \\ \hline \end{array}$

❹ $\begin{array}{r} 19 \\ +\ \ 4 \\ \hline \end{array}$

❺ $\begin{array}{r} 5 \\ +\ 37 \\ \hline \end{array}$

❻ $\begin{array}{r} 75 \\ +\ \ 8 \\ \hline \end{array}$

❼ $\begin{array}{r} 53 \\ +\ \ 8 \\ \hline \end{array}$

❽ $\begin{array}{r} 46 \\ +\ \ 9 \\ \hline \end{array}$

❾ $\begin{array}{r} 8 \\ +\ 63 \\ \hline \end{array}$

❿ $\begin{array}{r} 61 \\ +\ \ 9 \\ \hline \end{array}$

⓫ $\begin{array}{r} 6 \\ +\ 88 \\ \hline \end{array}$

⓬ $\begin{array}{r} 9 \\ +\ 53 \\ \hline \end{array}$

⓭ $\begin{array}{r} 34 \\ +\ \ 8 \\ \hline \end{array}$

⓮ $\begin{array}{r} 19 \\ +\ \ 5 \\ \hline \end{array}$

⓯ $\begin{array}{r} 59 \\ +\ \ 9 \\ \hline \end{array}$

⑯ 47 + 8 =

자리에 맞게 수를 쓰고 가로셈으로 계산해 봐.

받아올림한 수도 잊지 마~!

	4	7
+		8

⑰ 39 + 9 =

⑱ 76 + 5 =

⑲ 24 + 8 =

⑳ 69 + 7 =

㉑ 57 + 5 =

㉒ 6 + 84 =

㉓ 15 + 8 =

㉔ 38 + 9 =

㉕ 4 + 68 =

㉖ 89 + 7 =

공부 끝!

맞힌 개수

/26개

부모님 확인

오늘의 숫자 **9**에 색칠하세요.

Day 36

받아올림한 1을 잊지 말고
십의 자리 수와 더해야 해.

❶ $83 + 8$

❷ $65 + 9$

❸ $27 + 6$

❹ $37 + 5$

❺ $48 + 7$

❻ $17 + 3$

❼ $7 + 14$

❽ $25 + 9$

❾ $54 + 8$

❿ $68 + 7$

⓫ $89 + 9$

⓬ $6 + 47$

⓭ $79 + 3$

⓮ $9 + 55$

⓯ $45 + 8$

⑯ 16 + 6 ⑰ 85 + 9 ⑱ 28 + 7 ⑲ 59 + 6

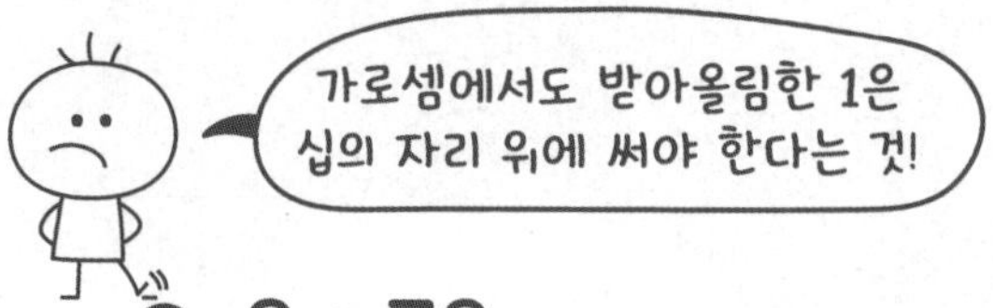

⑳ 58 + 9 ㉑ 8 + 78 ㉒ 73 + 8 ㉓ 62 + 8

㉔ 44 + 7 ㉕ 3 + 49 ㉖ 87 + 6 ㉗ 36 + 8

㉘ 67 + 5 ㉙ 23 + 7 ㉚ 5 + 17 ㉛ 7 + 27

㉜ 3 + 58 ㉝ 34 + 6 ㉞ 88 + 4

공부 끝!

맞힌 개수

/34개

부모님 확인

오늘의 숫자 **54**에 색칠하세요.

연산 놀이터

배고픈 고양이가 생선을 많이 먹으며 집으로 갈 수 있게 도와줘.

부모님 확인

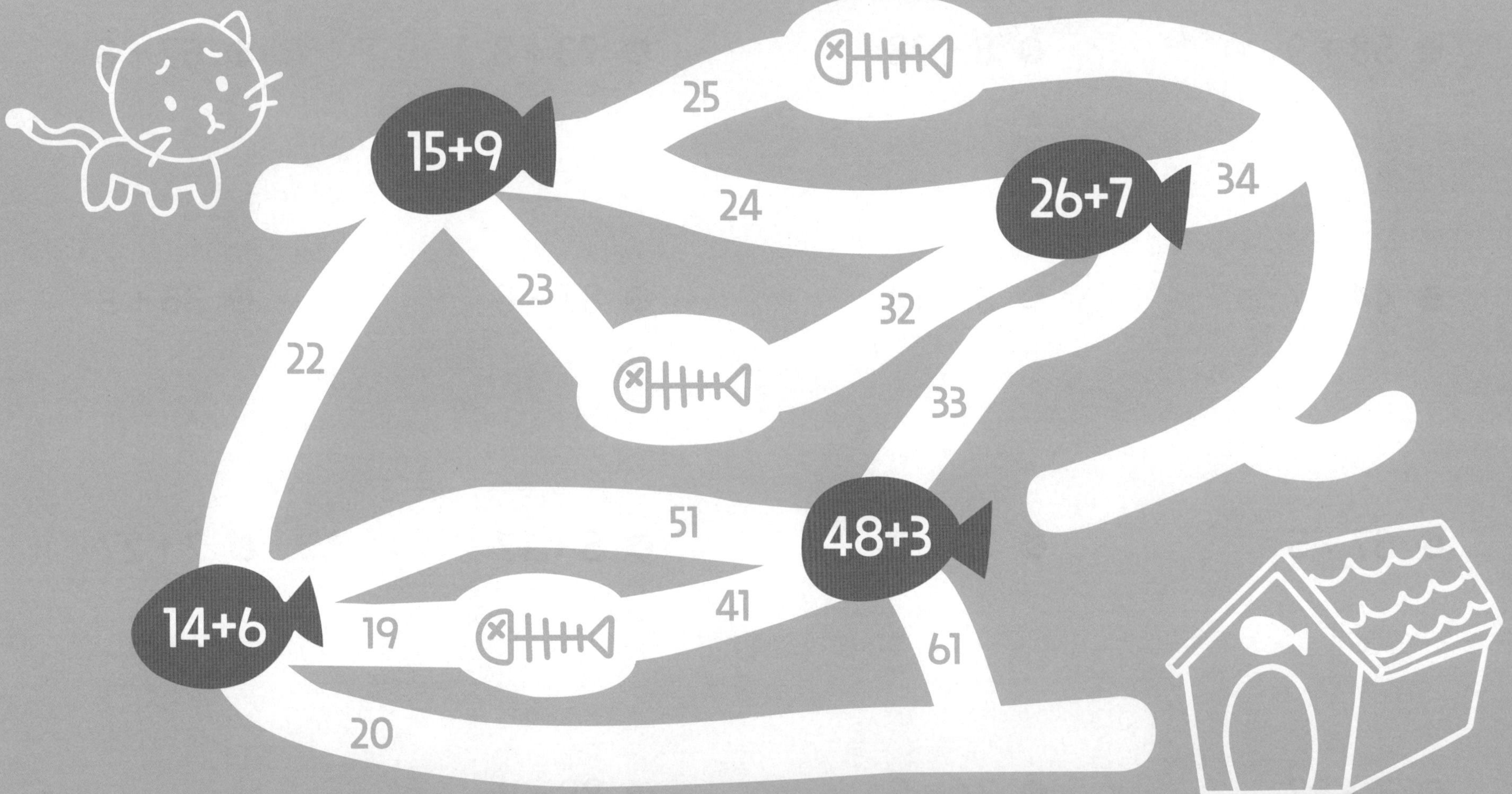

09

받아내림이 있는 (몇십몇)-(몇)

이번에는 무엇을 배울까?

받아올림이 있는 (몇십몇)+(몇)

받아내림이 있는 (몇십몇)-(몇)

세 수의 덧셈과 뺄셈

이렇게 지도해요!

❶ 먼저 설명해 주세요.

본격적인 받아내림의 알고리즘을 배우는 단계입니다. 십의 자리 1이 일의 자리에서 10이 된다는 핵심 내용을 그림과 말로 풀어내었으므로 아이와 함께 읽어 보면서 받아내림의 원리를 이해하고 계산 방법을 익힙니다.

❷ 수를 이해하며 계산해요.

설명과 이어지는 그림을 이용하여 Day37에서 재미있게 문제를 풉니다.

❸ 충분히 연습해요.

Day38 ~ Day42의 문제 풀이를 통해 수를 이해하는 힘을 기르고, 받아내림이 있는 계산의 알고리즘에 능숙해지도록 합니다.

스스로 계획을 세워요!

	공부할 날짜	목표 시간	복습할 날짜
Day 37/46	월 / 일	분 / 9개	월 / 일
Day 38/46	월 / 일	분 / 21개	월 / 일
Day 39/46	월 / 일	분 / 30개	월 / 일
Day 40/46	월 / 일	분 / 22개	월 / 일
Day 41/46	월 / 일	분 / 27개	월 / 일
Day 42/46	월 / 일	분 / 34개	월 / 일

선생님의 칠판

빼는 수가 더 커서 뺄 수 없을 땐 10을 빌려와서 빼.

십의 자리에서 1 을 빌려오면 → 일의 자리에서 10 이 되지.

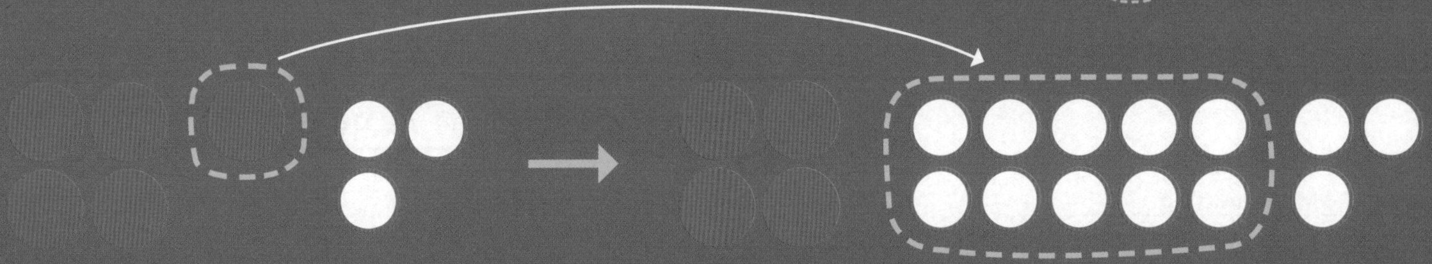

50 + 3 → 40 + 10 + 3

	4	10
	~~5~~	3
−		9
		4

	4	10
	~~5~~	3
−		9
	4	4

Day 37

낱개끼리 뺄 수 없어서 십모형 1개를 일모형 10개로 바꾼거야. 빼는 만큼 지우고, 남은 개수를 세어 봐.

십 일

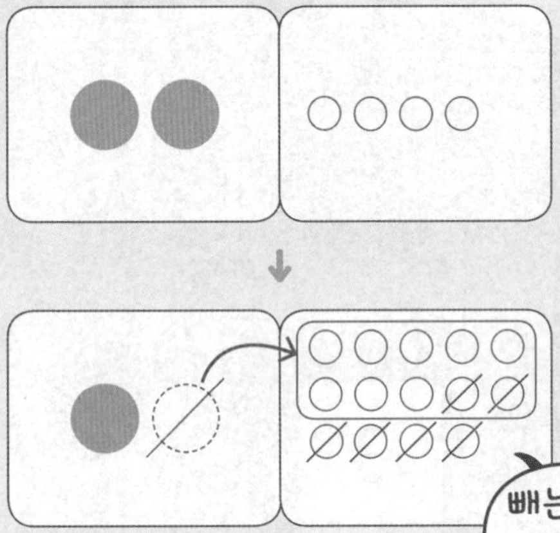

24 - 6 = 18

남은 개수를 각각 세어 봐.

❶

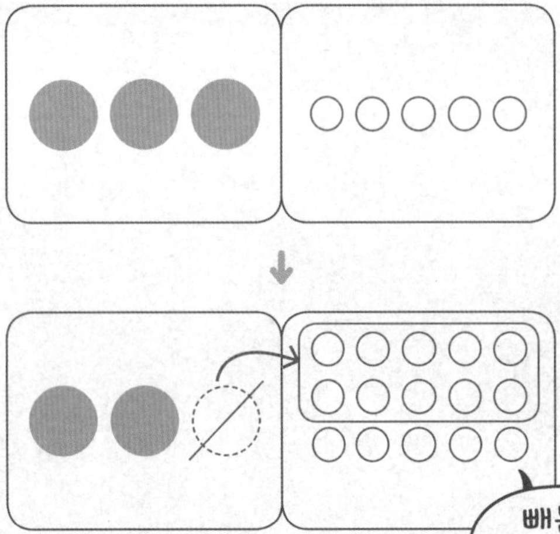

35 - 8 = ☐

❷

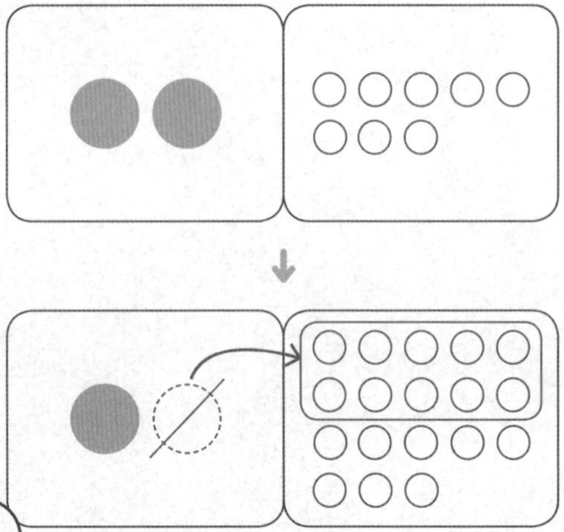

28 - 9 = ☐

❸

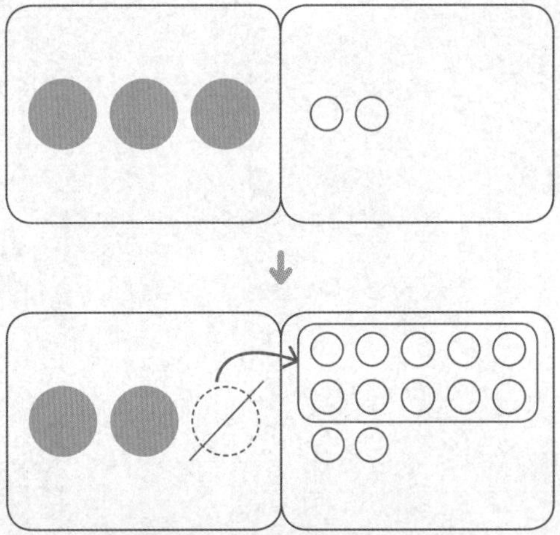

32 - 7 = ☐

❹

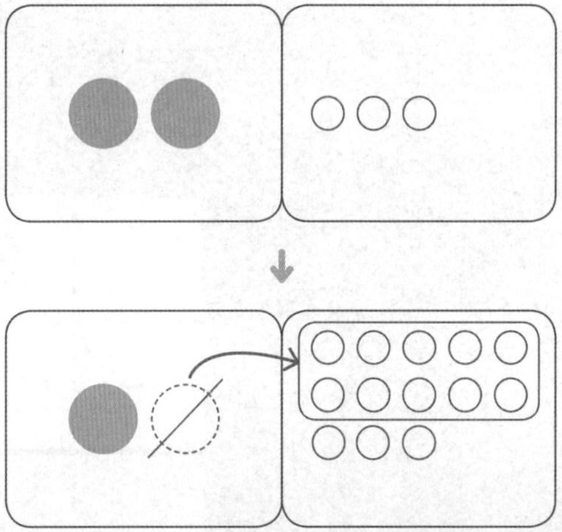

23 - 8 = ☐

❺
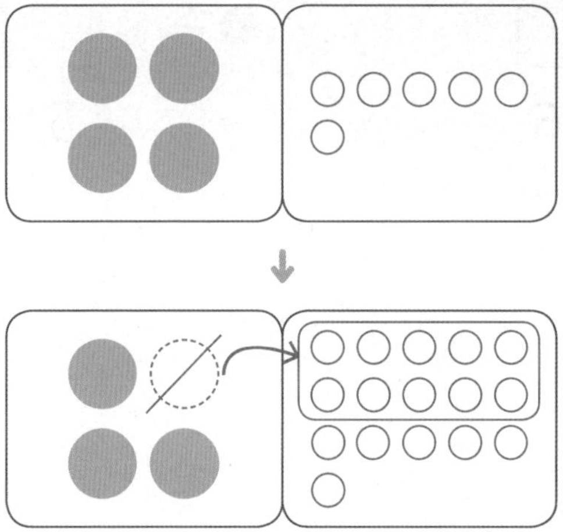

46 - 7 = ☐

❻
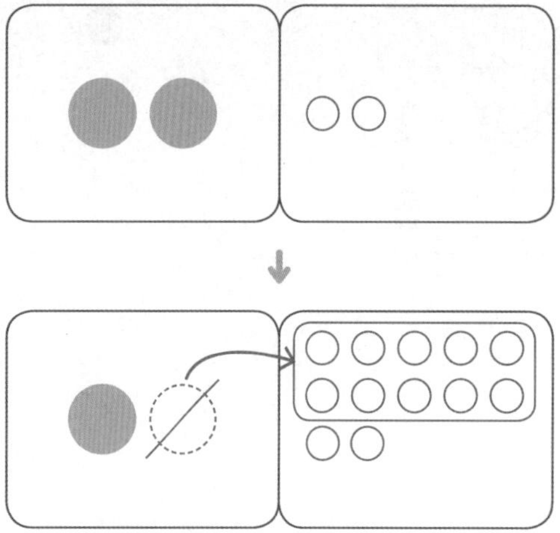

22 - 5 = ☐

❼
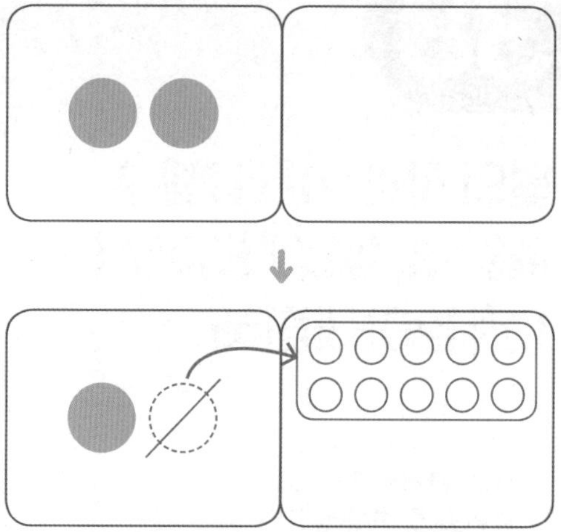

20 - 4 = ☐

❽
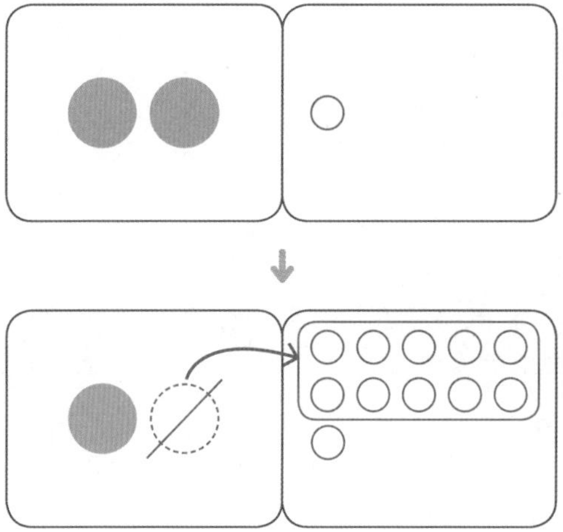

21 - 6 = ☐

❾
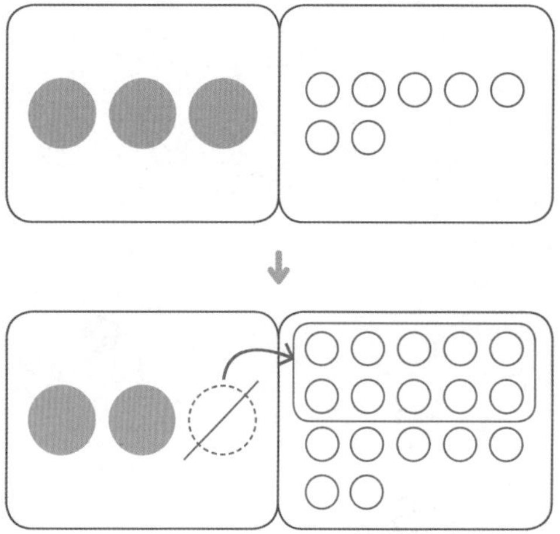

37 - 9 = ☐

공부 끝!

맞힌 개수 /9개

부모님 확인

오늘의 숫자 **97**에 색칠하세요.

Day 38

일의 자리 수끼리 뺄 수 없을 때, 십의 자리에서 10을 받아내림해.

십의 자리의 1을 일의 자리로 받아내림하면

일의 자리 수는 10만큼 커져.

	2	10
	~~3~~	2
-		4
	2	8

❷ 받아내림하고 남은 수를 써.

❶ 10+2-4=8

받아내림 했다는 표시 /를 십의 자리 숫자 위에 해 줘!

❶ $\begin{array}{r} \cancel{3}\,1 \\ -\quad 6 \\ \hline \end{array}$

❷ $\begin{array}{r} 86 \\ -\ \ 7 \\ \hline \end{array}$

❸ $\begin{array}{r} 53 \\ -\ \ 6 \\ \hline \end{array}$

❹ $\begin{array}{r} 73 \\ -\ \ 9 \\ \hline \end{array}$

❺ $\begin{array}{r} 92 \\ -\ \ 9 \\ \hline \end{array}$

❻ $\begin{array}{r} 62 \\ -\ \ 6 \\ \hline \end{array}$

❼ $\begin{array}{r} 82 \\ -\ \ 7 \\ \hline \end{array}$

❽ $\begin{array}{r} 42 \\ -\ \ 5 \\ \hline \end{array}$

❾ $\begin{array}{r} 24 \\ -\ \ 8 \\ \hline \end{array}$

❿ $\begin{array}{r} 55 \\ -\ \ 7 \\ \hline \end{array}$

⑪ $\begin{array}{r} \square\square \\ 2\ 7 \\ -\quad 8 \\ \hline \end{array}$

⑫ $\begin{array}{r} \square\square \\ 6\ 6 \\ -\quad 9 \\ \hline \end{array}$

⑬ $\begin{array}{r} \square\square \\ 4\ 3 \\ -\quad 4 \\ \hline \end{array}$

⑭ $\begin{array}{r} \square\square \\ 7\ 5 \\ -\quad 6 \\ \hline \end{array}$

⑮ $\begin{array}{r} \square\square \\ 9\ 5 \\ -\quad 7 \\ \hline \end{array}$

⑯ $\begin{array}{r} \square\square \\ 5\ 4 \\ -\quad 7 \\ \hline \end{array}$

⑰ $\begin{array}{r} \square\square \\ 3\ 2 \\ -\quad 6 \\ \hline \end{array}$

⑱ $\begin{array}{r} \square\square \\ 2\ 4 \\ -\quad 5 \\ \hline \end{array}$

⑲ $\begin{array}{r} \square\square \\ 6\ 1 \\ -\quad 8 \\ \hline \end{array}$

⑳ $\begin{array}{r} \square\square \\ 4\ 2 \\ -\quad 3 \\ \hline \end{array}$

㉑ $\begin{array}{r} \square\square \\ 8\ 4 \\ -\quad 9 \\ \hline \end{array}$

공부 끝!

맞힌 개수

/21개

부모님 확인

오늘의 숫자 **80**에 색칠하세요.

/10
월 일 분

Day 39

받아내림한 수를 잊지 않도록 작게 써 놓으면 실수를 줄일 수 있어.

❶ $\begin{array}{r} \overset{1}{\cancel{2}}\overset{10}{3} \\ -\ \ 6 \\ \hline \end{array}$

❷ $\begin{array}{r} 40 \\ -\ \ 7 \\ \hline \end{array}$

❸ $\begin{array}{r} 52 \\ -\ \ 4 \\ \hline \end{array}$

❹ $\begin{array}{r} 72 \\ -\ \ 7 \\ \hline \end{array}$

❺ $\begin{array}{r} 97 \\ -\ \ 8 \\ \hline \end{array}$

❻ $\begin{array}{r} 80 \\ -\ \ 5 \\ \hline \end{array}$

❼ $\begin{array}{r} 30 \\ -\ \ 9 \\ \hline \end{array}$

❽ $\begin{array}{r} 62 \\ -\ \ 4 \\ \hline \end{array}$

❾ $\begin{array}{r} 91 \\ -\ \ 5 \\ \hline \end{array}$

❿ $\begin{array}{r} 65 \\ -\ \ 8 \\ \hline \end{array}$

⓫ $\begin{array}{r} 74 \\ -\ \ 5 \\ \hline \end{array}$

⓬ $\begin{array}{r} 21 \\ -\ \ 9 \\ \hline \end{array}$

⓭ $\begin{array}{r} 47 \\ -\ \ 8 \\ \hline \end{array}$

⓮ $\begin{array}{r} 83 \\ -\ \ 6 \\ \hline \end{array}$

⓯ $\begin{array}{r} 92 \\ -\ \ 6 \\ \hline \end{array}$

⑯ 35 - 7

⑰ 42 - 6

⑱ 22 - 5

⑲ 26 - 8

⑳ 70 - 8

㉑ 60 - 2

㉒ 85 - 9

㉓ 64 - 7

㉔ 93 - 5

㉕ 45 - 8

㉖ 21 - 2

㉗ 50 - 6

㉘ 31 - 3

㉙ 52 - 7

㉚ 63 - 5

공부 끝!

맞힌 개수 /30개

부모님 확인

오늘의 숫자 **74**에 색칠하세요.

Day 40

각 자리를 맞추어 쓴 후 세로셈으로 계산해 봐.

❶ 37 - 8 =

	3	7
-		8

8은 일의 자리에 맞춰 써야 해.

❷ 90 - 6 =

❸ 83 - 7 =

❹ 33 - 5 =

❺ 75 - 9 =

❻ 43 - 8 =

❼ 20 - 2 =

❽ 56 - 9 =

❾ 60 - 7 =

❿ 93 - 7 =

⓫ 28 - 9 =

⑫ 81 - 7 =

⑬ 44 - 6 =

⑭ 63 - 7 =

⑮ 20 - 9 =

⑯ 32 - 7 =

⑰ 82 - 6 =

⑱ 51 - 4 =

⑲ 87 - 8 =

⑳ 73 - 5 =

㉑ 47 - 8 =

㉒ 90 - 4 =

공부 끝!

맞힌 개수

/22개

부모님 확인

오늘의 숫자 **70**에 색칠하세요.

Day 41

일의 자리부터 차례로 계산해야 받아내림을 할 수 있어.

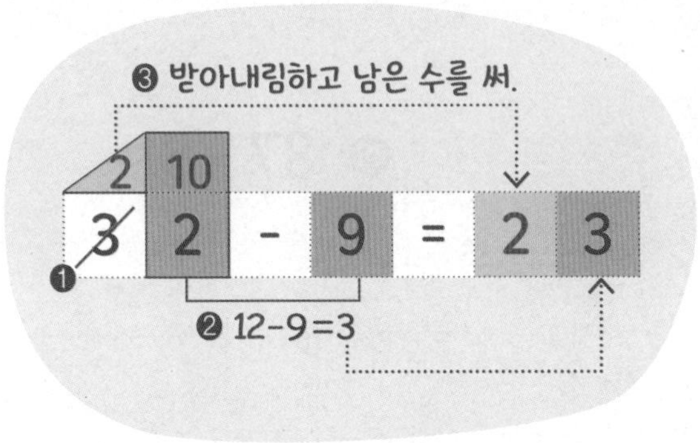

❶ 33 - 4 =

❷ 26 - 9 =

❸ 23 - 8 =

❹ 53 - 5 =

❺ 45 - 7 =

❻ 64 - 9 =

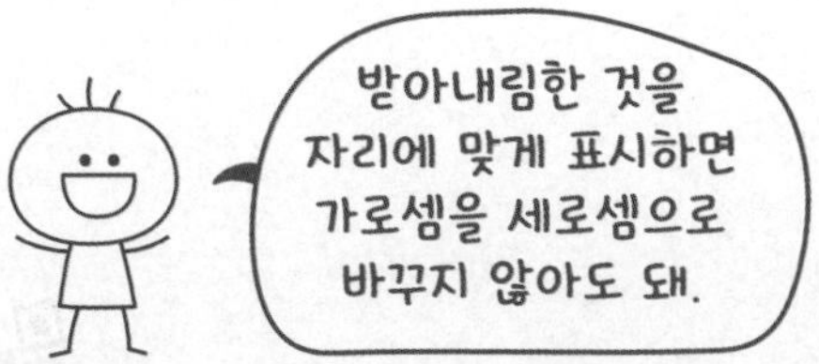

❼ 78 - 9 =

❽ 82 - 8 =

받아내림한 것을
각 자리 위에 작게 써 봐.

⑨ $\overset{2\ 10}{\cancel{3}0} - 7$

⑩ 56 - 9

⑪ 34 - 6

⑫ 43 - 8

⑬ 53 - 4

⑭ 74 - 8

⑮ 41 - 7

⑯ 73 - 6

⑰ 87 - 9

⑱ 40 - 1

⑲ 21 - 3

⑳ 92 - 5

㉑ 25 - 6

㉒ 34 - 7

㉓ 50 - 4

㉔ 66 - 8

㉕ 82 - 8

㉖ 94 - 5

㉗ 63 - 9

공부 끝!

맞힌 개수

/27개

부모님 확인

오늘의 숫자 **5**에 색칠하세요.

Day 42

받아내림하면
십의 자리 수가 1 작아진다는
것을 잊지 마.

❶ $\begin{array}{r} 21 \\ -\ \ 5 \\ \hline \end{array}$

❷ $\begin{array}{r} 42 \\ -\ \ 4 \\ \hline \end{array}$

❸ $\begin{array}{r} 54 \\ -\ \ 5 \\ \hline \end{array}$

❹ $\begin{array}{r} 25 \\ -\ \ 8 \\ \hline \end{array}$

❺ $\begin{array}{r} 65 \\ -\ \ 6 \\ \hline \end{array}$

❻ $\begin{array}{r} 53 \\ -\ \ 9 \\ \hline \end{array}$

❼ $\begin{array}{r} 72 \\ -\ \ 8 \\ \hline \end{array}$

❽ $\begin{array}{r} 60 \\ -\ \ 9 \\ \hline \end{array}$

❾ $\begin{array}{r} 51 \\ -\ \ 6 \\ \hline \end{array}$

❿ $\begin{array}{r} 98 \\ -\ \ 9 \\ \hline \end{array}$

⓫ $\begin{array}{r} 33 \\ -\ \ 7 \\ \hline \end{array}$

⓬ $\begin{array}{r} 81 \\ -\ \ 5 \\ \hline \end{array}$

⓭ $\begin{array}{r} 92 \\ -\ \ 8 \\ \hline \end{array}$

⓮ $\begin{array}{r} 71 \\ -\ \ 3 \\ \hline \end{array}$

⓯ $\begin{array}{r} 42 \\ -\ \ 4 \\ \hline \end{array}$

⑯ 23 - 7

⑰ 30 - 6

⑱ 57 - 8

⑲ 83 - 4

⑳ 42 - 5

㉑ 61 - 6

㉒ 41 - 3

㉓ 24 - 7

㉔ 45 - 9

㉕ 33 - 8

㉖ 40 - 3

㉗ 51 - 2

㉘ 27 - 9

㉙ 76 - 7

㉚ 62 - 5

㉛ 74 - 6

㉜ 95 - 9

㉝ 82 - 5

㉞ 71 - 4

공부 끝!

맞힌 개수 /34개

부모님 확인

오늘의 숫자 **7**에 색칠하세요.

연산 놀이터

보물 지도의 찢어진 부분에 들어갈 수를 찾아 숨겨진 보물을 찾아봐.

부모님 확인

10

세 수의 덧셈과 뺄셈

이번에는 무엇을 배울까?

받아내림이 있는 (몇십몇)-(몇)

세 수의 덧셈과 뺄셈

받아올림이 한 번 있는 (두 자리 수)+(두 자리 수)

이렇게 지도해요!

❶ 먼저 설명해 주세요.

지금까지 배운 받아올림과 받아내림을 세 수의 계산에 적용해 보는 단계입니다.
그림과 말로 풀어낸 세 수의 계산 방법을 아이와 함께 따라 읽어 보면서 세 수의 계산을 두 수씩 두 번, 차례대로 계산하는 것과 같음을 이해합니다.

❷ 수를 이해하며 계산해요.

설명과 이어지는 그림을 이용하여 Day43~Day45에서 재미있게 문제를 풉니다.

❸ 충분히 연습해요.

Day46의 문제 풀이를 통해 수를 이해하는 힘을 기르고, 혼합 계산의 기초를 다집니다.

스스로 계획을 세워요!

	공부할 날짜	목표 시간	복습할 날짜
Day 43 / 46	월 / 일	분 / 23개	월 / 일
Day 44 / 46	월 / 일	분 / 23개	월 / 일
Day 45 / 46	월 / 일	분 / 23개	월 / 일
Day 46 / 46	월 / 일	분 / 30개	월 / 일

선생님의 칠판

앞에서부터 차례대로 두 수씩 계산해.

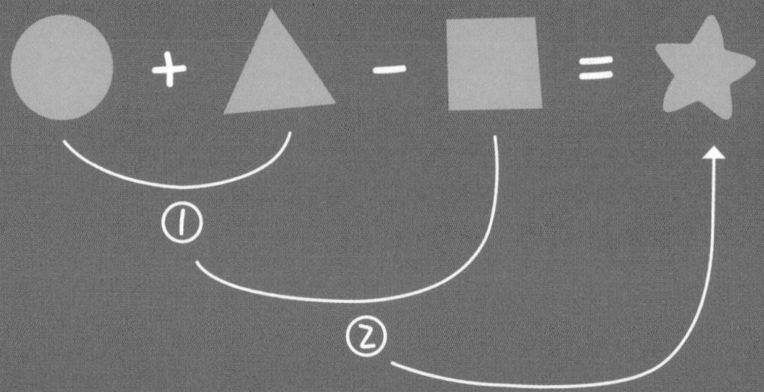

① 앞의 두 수를 먼저 계산하고

② 남은 수도 마저 계산해 줘.

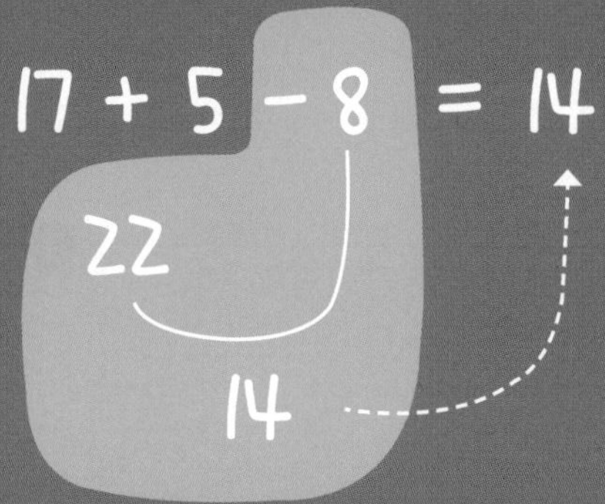

Day 43

앞의 두 수를 먼저 더한 다음 남은 한 수를 더해.

받아올림이 있으니 주의해.

❶ 36 + 6 + 7 = □

❷ 14 + 8 + 9 = □

❸ 29 + 7 + 4 = □

❹ 51 + 7 + 9 = □

❺ 37 + 5 + 4 = □

❻ 63 + 9 + 4 = □

덧셈만 있을 때는 순서를 바꾸어 계산해도 결과는 같아.

❼ 26 + 3 + 5 = □

❽ 68 + 4 + 6 = □

❾ 25 + 6 + 7

계산 순서를 표시해서 더해 봐.

❿ 4 + 26 + 8

⓫ 46 + 8 + 3

⓬ 8 + 73 + 5

⓭ 9 + 4 + 22

⓮ 5 + 33 + 7

⓯ 24 + 6 + 5

⓰ 57 + 4 + 9

⓱ 3 + 35 + 6

⓲ 58 + 9 + 6

덧셈만 있는 경우, 합이 몇십이 되는 두 수를 먼저 찾아 계산해도 돼.

⓳ 17 + 5 + 3

⓴ 65 + 4 + 5

㉑ 3 + 81 + 9

㉒ 62 + 2 + 8

㉓ 4 + 49 + 1

공부 끝!

맞힌 개수 /23개

부모님 확인

오늘의 숫자 **20**에 색칠하세요.

Day 44

앞에서부터 차례로 빼.

받아내림이 있으니 주의해.

❶ 24 - 9 - 7 = □

❷ 30 - 3 - 8 = □

❸ 34 - 9 - 5 = □

❹ 69 - 4 - 8 = □

❺ 55 - 6 - 2 = □

❻ 72 - 5 - 9 = □

❼ 85 - 7 - 6 = □

❽ 46 - 8 - 4 = □

세 수의 뺄셈은 순서를 바꾸어 7-6을
먼저 계산하면 결과가 달라지니 주의해.

⑨ 21 - 5 - 8

⑩ 40 - 7 - 6

⑪ 80 - 3 - 9

⑫ 63 - 4 - 7

⑬ 60 - 3 - 6

⑭ 73 - 8 - 5

⑮ 41 - 7 - 5

⑯ 51 - 3 - 8

⑰ 84 - 6 - 4

⑱ 56 - 9 - 2

⑲ 30 - 1 - 3

⑳ 95 - 7 - 9

㉑ 23 - 4 - 8

㉒ 46 - 3 - 7

㉓ 62 - 5 - 9

공부 끝!

맞힌 개수

/23개

부모님 확인

오늘의 숫자 **98**에 색칠하세요.

월 일 /12 분

Day 45

두 수의 계산을 두 번하는 거야.

덧셈인지, 뺄셈인지 잘 보고 계산해.

❶ 39 + 4 - 6 = ☐

❷ 44 + 2 - 7 = ☐

❸ 67 + 3 - 6 = ☐

❹ 81 + 7 - 9 = ☐

❺ 53 - 5 + 8 = ☐

❻ 34 - 7 + 4 = ☐

❼ 90 - 8 + 6 = ☐

❽ 25 - 9 + 8 = ☐

⑨ 54 + 9 - 2

⑩ 35 + 6 - 8

⑪ 83 + 7 - 9

⑫ 70 + 3 - 8

⑬ 23 + 2 - 6

⑭ 43 + 8 - 6

⑮ 76 + 5 - 7

⑯ 44 - 7 + 9

⑰ 71 - 3 + 8

⑱ 62 - 9 + 5

⑲ 85 - 2 + 7

⑳ 53 - 4 + 6

㉑ 32 - 6 + 3

㉒ 42 - 4 + 7

㉓ 74 - 7 + 4

공부 끝!

맞힌 개수

/23개

부모님 확인

오늘의 숫자 **87**에 색칠하세요.

Day 46

받아올림과 받아내림에 주의해서 세 수를 차례로 계산해.

❶ $82 - 6 - 9$

❷ $58 + 4 - 6$

❸ $67 - 9 + 8$

❹ $38 - 4 - 9$

❺ $90 - 8 + 3$

❻ $13 + 5 + 4$

❼ $22 - 3 - 7$

❽ $12 - 6 + 8$

❾ $47 + 2 + 5$

❿ $46 + 9 - 8$

⓫ $52 - 6 + 8$

⓬ $28 + 1 + 2$

⓭ $41 - 7 - 5$

⓮ $29 + 2 - 4$

⓯ $36 + 5 + 4$

⑯ 65 + 9 + 6

⑰ 16 + 5 - 7

⑱ 84 + 6 - 4

⑲ 30 - 2 + 5

⑳ 57 + 8 - 7

㉑ 75 - 9 - 4

㉒ 79 + 3 + 9

㉓ 54 + 4 + 8

㉔ 52 - 2 - 1

㉕ 34 + 7 - 6

㉖ 65 - 7 + 6

㉗ 61 - 7 - 4

㉘ 77 - 9 + 4

㉙ 83 - 7 + 8

㉚ 93 - 8 - 2

공부 끝!

맞힌 개수

/30개

부모님 확인

오늘의 숫자 **78**에 색칠하세요.

부모님 확인

연산 놀이터

토끼와 거북이가 번갈아 구슬을 1개씩 꺼내어 식을 만들었어.
토끼와 거북이는 각각 어떤 구슬을 뽑았는지 찾아서 써 보자.

$19 + \bigcirc - \bigcirc = 15$

단, 숫자 구슬은 한 번씩만 사용할 수 있어.

연산 실력 점검하기

범위 1단계 ~ 7단계

맞힌 개수: /36　걸린 시간: /분

01 10 → □, 3

02 10 → □, 6

03 10 → 4, □, 5

04 10 → □, 6, 2

05 10 → 2, □

06 10 → □, 1

07 10 → 3, 1, □

08 10 → □, 4, 3

09

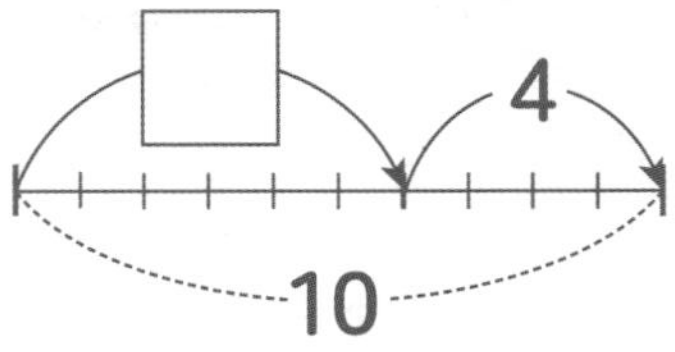

□ + 4 = 10

10 7 + □ = 10　　3 + □ = 10

11 □ + 2 = 10　　□ + 8 = 10

12

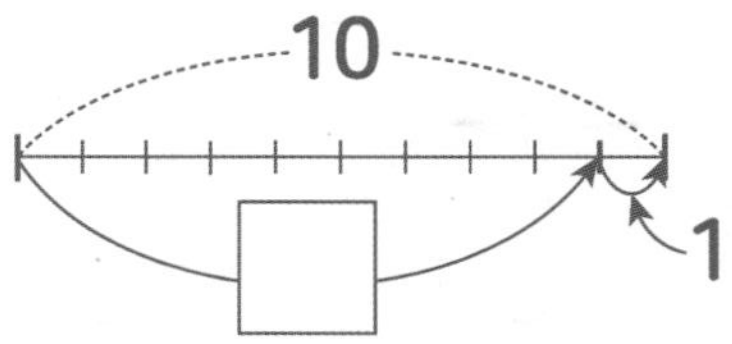

10 - □ = 1

13 10 - 2 = □　　10 - □ = 2

14 10 - 3 = □　　10 - □ = 3

15 3 + 7 + 6

16 5 + 2 + 8

17 9 + 4 + 1

18 7 + 8

19 4 + 9

20 6 + 6

21 5 + 7

22 9 + 2

23 8 + 5

24 16 - 6 - 2

25 13 - 4 - 3

26 18 - 5 - 8

27 17 - 8

28 14 - 9

29 13 - 6

30 12 - 4

31 11 - 5

32 15 - 7

33

14

5 | 9

5 + □ = 14

14 - □ = 9

14 - □ = 5

34 7 + □ = 13

13 - □ = 6

13 - □ = 7

35

11

4 | 7

11 - □ = 7

4 + □ = 11

7 + □ = 11

36 15 - □ = 6

9 + □ = 15

6 + □ = 15

연산

범위 8단계 ~ 10단계

실력 점검하기

맞힌 개수: /40 걸린 시간: /분

01 $\begin{array}{r} 24 \\ +\ 8 \\ \hline \end{array}$

02 $\begin{array}{r} 37 \\ +\ 9 \\ \hline \end{array}$

03 $\begin{array}{r} 45 \\ +\ 7 \\ \hline \end{array}$

04 $\begin{array}{r} 56 \\ +\ 5 \\ \hline \end{array}$

05 $\begin{array}{r} 9 \\ +\ 61 \\ \hline \end{array}$

06 $\begin{array}{r} 3 \\ +\ 78 \\ \hline \end{array}$

07 13 + 7

08 25 + 8

09 47 + 4

10 89 + 2

11 $\begin{array}{r} 30 \\ -\ 7 \\ \hline \end{array}$

12 $\begin{array}{r} 45 \\ -\ 6 \\ \hline \end{array}$

13 $\begin{array}{r} 52 \\ -\ 9 \\ \hline \end{array}$

14 $\begin{array}{r} 64 \\ -\ 8 \\ \hline \end{array}$

15 $\begin{array}{r} 71 \\ -\ 5 \\ \hline \end{array}$

16 $\begin{array}{r} 83 \\ -\ 4 \\ \hline \end{array}$

17 26 - 8

18 33 - 6

19 47 - 9

20 60 - 3

21 $69 + 6$

22 $5 + 37$

23 $88 - 9$

24 $52 - 9$

25 $35 + 7 + 8$

26 $52 + 3 + 8$

27 $84 + 9 + 6$

28 $52 - 9 - 5$

29 $45 - 7 - 8$

30 $73 - 4 - 6$

31 $13 + 7 - 9$

32 $27 + 5 - 8$

33 $36 + 4 - 5$

34 $49 + 3 - 6$

35 $78 + 2 - 4$

36 $52 - 4 + 8$

37 $46 - 7 + 5$

38 $61 - 2 + 6$

39 $73 - 5 + 3$

40 $34 - 6 + 9$

연산 실력 점검하기

범위 1단계 ~ 10단계

맞힌 개수: /44 걸린 시간: /분

01 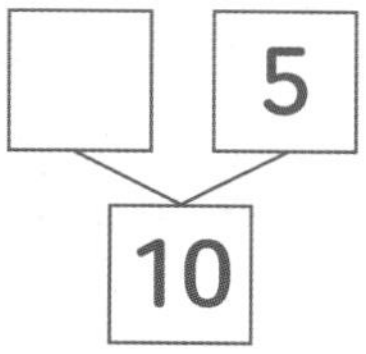

02 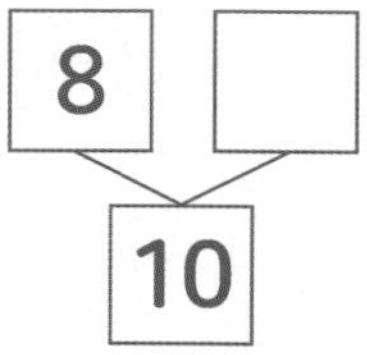

03 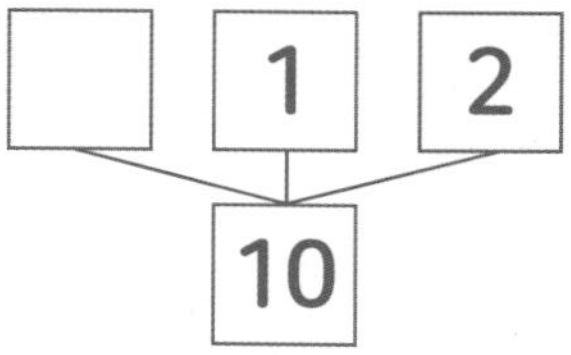

04 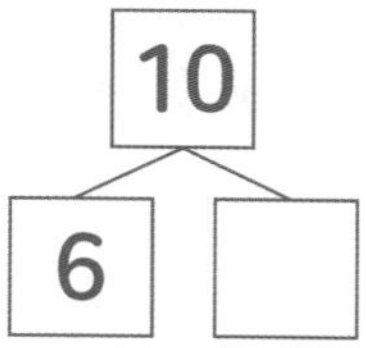

05 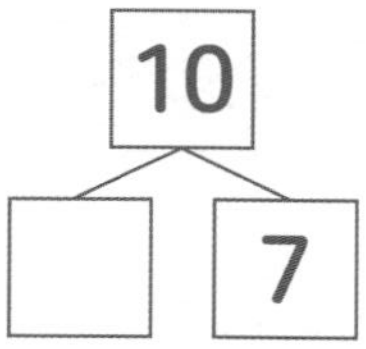

06 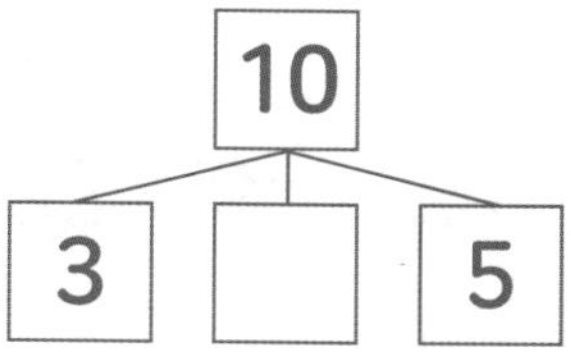

07 8 + □ = 10

08 □ + 3 = 10

09 10 - 6 = □

10 10 - □ = 5

11 5 + 7 + 5

12 6 + 4 + □ = 12

13 14 - 3 - 4

14 19 - 9 - □ = 6

15 $\begin{array}{r} 39 \\ +\ \ 4 \\ \hline \end{array}$

16 $\begin{array}{r} 27 \\ -\ \ 9 \\ \hline \end{array}$

17 $\begin{array}{r} 12 \\ -\ \ 8 \\ \hline \end{array}$

18 $\begin{array}{r} 8 \\ +\ \ 3 \\ \hline \end{array}$

19 $\begin{array}{r} 6 \\ +\ 68 \\ \hline \end{array}$

20 $\begin{array}{r} 16 \\ -\ \ 7 \\ \hline \end{array}$

21 $\begin{array}{r} 70 \\ -\ \ 5 \\ \hline \end{array}$

22 $\begin{array}{r} 7 \\ +\ \ 7 \\ \hline \end{array}$

23
$$\begin{array}{r} 41 \\ -\ \ 4 \\ \hline \end{array}$$

24
$$\begin{array}{r} 77 \\ +\ \ 5 \\ \hline \end{array}$$

25
$$\begin{array}{r} 55 \\ +\ \ 9 \\ \hline \end{array}$$

26
$$\begin{array}{r} 63 \\ -\ \ 8 \\ \hline \end{array}$$

27 18 - 9

28 27 + 6

29 54 - 7

30 8 + 17

31 6 + 9

32 40 - 6

33 36 + 4

34 13 - 5

35 42 + 9

36 91 - 2

37 4 + 9 = 13

13 - □ = 9

13 - □ = 4

38 17 - 8 = 9

8 + □ = 17

9 + □ = 17

39 39 + 2 - 5

40 82 + 9 + 7

41 23 - 6 - 8

42 63 - 5 + 7

43 52 + 8 - 9

44 84 - 6 + 3

달달 풀고 곰곰 생각하는

달곰한 계산력

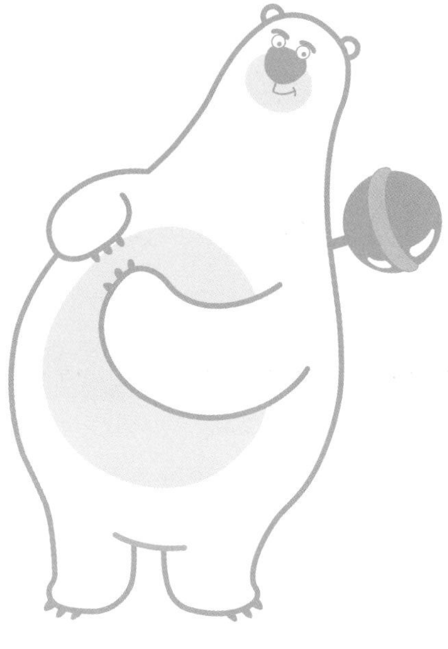